カラー図解

Javaで始めるプログラミング

知識ゼロからの定番言語「超」入門

高橋麻奈　著

ブルーバックス

必ずお読みください

・本書の解説は、パソコンの基本操作（インターネットからのダウンロードやソフトウェアなどのインストールなどを含む）をすでにマスターしている方を対象にしております。
・本書で紹介しているコンパイルやプログラムの実行は、Windows 10で行っています。なお、コンパイルに使用したJDKのバージョンは8です。
・本書は紹介している内容の安全性を保証するものではありません。**本書で紹介している内容をご利用になる際は、すべて自己責任の原則で行ってください。**
・本書で掲載している画面は、Windows 10を使用しています。他の環境でご利用の場合、画面の表示が一部異なることがありますので、あらかじめご了承ください。
・本書に掲載されている情報は、**原稿執筆時点**のものです。実際にご利用になる際には変更されている場合がありますので、あらかじめご了承ください。
・本書の中で例として記載されている固有名詞などは、すべて架空のもので、実在するものとは無関係です。
・著者ならびに講談社は、本書の内容について**電話による質問にはいっさいお答えできません。**
・本書の解説内容に訂正が生じた場合のお知らせや補足情報などは、下記の本書特設ページにて発表します。

http://bluebacks.kodansha.co.jp/special/java.html

・本書の「やってみよう」で紹介しているサンプルプログラムは、上記の特設ページからダウンロードできます。

●装幀／芦澤泰偉・児崎雅淑
●目次・章扉・図版・本文デザイン／島浩二

まえがき

●プログラムの知識が求められている

携帯電話やタブレットといったデジタル機器に囲まれ、ショッピングサイトで買い物する私たちの生活にとって、コンピュータとプログラムは欠かせないものとなっています。

プログラムはコンピュータに指示を伝えて作業を行うためのものです。プログラムはプログラミング言語を使って書かれます。ＩＴ技術の普及が進み、誰もがコンピュータを駆使することが求められる現在、コンピュータを使えることばかりでなく、プログラムを作ることが求められるようになってきています。日本語や英語を読み書きする能力と同じように、コンピュータを自在に操るために必要なプログラムの知識が求められているのです。

しかし、いざコンピュータを目の前にしても、プログラムを作ろうと頭の中で思い描くだけでは難しいこともあります。プログラムを実際に始めるためのきっかけが必要です。いくつもあるプログラミング言語の中から、プログラミング初心者にとって実践的な選択をすることが必要ですから、その１つとしてＪａｖａを考えることもできるでしょう。

●この本で紹介すること

Ｊａｖａはプログラミング言語の1つです。Ｊａｖａによって、プログラミングを具体的に始めることができます。この本ではＪａｖａについて紹介しましょう。本書で取り上げることはＪａｖａに関する基本的なことがらに絞ったものですが、専門書に自信をもってチャレンジするための橋渡し役となるように書かれています。

まず、序章ではＪａｖａを学ぶ前に知っておくべきことがらを紹介します。

1章ではＪａｖａのプログラムを作成する方法を紹介します。プログラムを入力・変換して実行するまでのＪａｖａの基本的なプログラムの作成手順をおさえます。

2章ではＪａｖａがなぜ注目され、プログラミング言語として受け入れられてきたかについて紹介します。ＪａｖａはスマートフォンやＷｅｂの世界でも活躍しています。

3章・4章ではＪａｖａの基本的なしくみを紹介します。変数や演算子と呼ばれるＪａｖａの基本的なしくみは、多くのプログラミング言語にも採用されています。また、処理の構造を学んでプログラムの処理の書き方を身につけます。

5章・6章ではＪａｖａのプログラミング言語としての応用的なしくみを紹介します。Ｊａｖａはオブジェクト指向と呼ばれる考え方を採用しています。オブジェクト指向ではプログラムの部品を作りやすくなっており、この特徴と利点についてふれることにします。

7章ではＪａｖａで実用的なプログラムを作るために必要となる機能について紹介します。Ｊａｖａはすでに部品として開発されているさまざまな機能を利用できます。プログラムを作成していくにあたって活用できる、さまざまな機能を紹介しましょう。

8章ではＪａｖａが利用される開発の事例を紹介します。Ｊａｖａはパソコンにとどまらず、スマートフォンアプリの開発でも使われています。最終章ではこうしたＪａｖａによる実践の場を紹介します。

●Ｊａｖａから始めよう

プログラムは難しそうに見えますが、シンプルなものでもあります。プログラムはいくつかの基本的な構造を組み合わせて作られており、どんなに高度な処理をするプログラムも例外ではありません。基本的な構造を1つ1つ学んでいけば、高度な処理もできるようになるでしょう。

プログラミング言語には数多くの種類があります。しかしプログラミング言語には数多くの共通点もあります。本書では、こうした共通点として多くのプログラミング言語にも使われているデータを記憶するしくみや、プログラムの処理の指示方法を取り上げています。

1つの言語を習得すれば、さまざまな言語に応用がききます。プログラミングをやったことがない方も、Ｊａｖａを勉強することはプログラミングのよい経験となります。Ｊａｖａはプログラミング言語として役立つ1つの技術となることでしょう。
さっそく始めましょう。

CONTENTS

2章 Javaの実用性と特徴を知ろう！ 33

3章 Javaから始めるプログラミング 53

7章 Javaのクラスライブラリをみてみよう

Java

序章

今、なぜＪａｖａを学ぶのか

Ｊａｖａはどんな場面で使われるのでしょうか。Ｊａｖａを学ぶにはどうしたらいいのでしょうか。「プログラミング言語を学んでみよう！」と思ったとき、気になる言語が実社会でどう使われているのかを知りたくなるかもしれません。また「特別なソフトがいるの？」「お金がかかるの？」といったことが気になる方もいるかもしれません。この章では、Ｊａｖａを学ぶ前に知っておくとよいことを紹介していきます。

プログラミング未経験者がＪａｖａから始める

本書は、プログラミング経験のない方がＪａｖａを学ぶことを想定しています。そこでそうした方の代表として、ＩＴ企業への就職をひかえる大学生の「カズマ」くんに登場してもらいましょう。カズマにはＩＴ業界で技術者として働く頼りになる先輩「健一」さんがいます。健一には年の離れたデジタルネイティブ世代の妹「あかり」がいます。カズマはあかりと一緒に健一に相談しながらＪａｖａプログラミングを学んでいきます。

カズマ：こんにちは、健一さん。お久しぶりです。今日は無事就職が決まったんで、さっそくお知らせしようと思って。

健　一：カズマくんもいよいよ就職か！　それはおめでとう！

あかり：おめでとう！　カズちゃん！　どんな会社に就職するの？

カズマ：あかりちゃんも久しぶり。それが、実はＩＴ企業なんだ。

あかり：へえっ。意外。私のほうがずっとコンピュータにくわしいと思ってたのに。

カズマ：そうだよね。年下の君に追い越されるくらいのＩＴオンチの僕なのに。でも、さすがに来春の就職の前には何か勉強しておかなくちゃと思って。まずはプログラミングから始めてみようと思うんだ。

あかり：じゃあ、カズちゃんもいよいよプログラムを作るのね！　どのプログラミング言語をやるの？

カズマ：そう、そのへん、実はよくわからなくって。どうしたらいいか、健一さんの意見をお伺いに来たんです。

健一：最初にやるプログラミング言語か。うん、そうだね、今ならJavaはどうだろうか。

カズマ：Java……？　ですか。

たくさんあるプログラミング言語の中からJavaが選ばれてきたのには理由があります。まずは、その理由から紹介していきましょう。

Javaは人気の言語

プログラミング言語には数多くのものが普及しています。たとえばJavaのほかにも、C、C++、PHP、JavaScript。

プログラミング言語にはそれぞれに特徴があります。たとえばJavaScriptはWebページを自由に動かすために使われることが多いプログラミング言語です。WebブラウザがJ avaScriptのプログラムを読み込んで動作します。JavaScriptは、Webページにちょっとした動作をつけるときに使われることが多くなっています。JavaScriptは手軽で使いやすいのですが、Javaではもっと本格的に、高度なプログラムを開発することができるのです。

今、コンピュータとプログラムの技術は日進月歩です。プログラムを開発するためのスピードが求められています。Javaはこうしたニーズに応えるものともなっています。このためJavaは人気の言語となっているのです。

さまざまなプログラムが作れるJava

それではJavaのプログラムはどのような場面で使われているのでしょうか。まずは「プログラム」について考えてみましょう。プログラムといえば、どんなプログラムを思い出すでしょうか。ゲームでしょうか。スマートフォンのアプリでしょうか。Webのショッピングサイトでも、裏方ではプログラムが動作しています。

プログラムはさまざまなIT機器がどんなふうに動作するのか、その指示をしたものです。この指示をするために、さきほど紹介したようないろいろなプログラミング言語を使うことができます。Javaもそうした各種機器で動作するさまざまなプログラムが作れるようになっています。

Ｊａｖａでは Ｗｅｂサイトもスマートフォンアプリも、さまざまな分野のプログラムを効率よく作成できるのです。

プログラミングと開発の違い

カズマ：Ｊａｖａを使えば、広い分野のプログラムができるのか。いろいろやっていきたいなあ。実は就職先では取引先の店舗や工場で稼働するシステムを作っているみたいです。そんなものって僕にもできるのかなあ？　ちょっと不安もあります。

健一：ＩＴ企業の一員として、大規模な開発に参加していくことになるかな。

カズマ：開発……ですか。それって、まさに仕事って感じですよね。プログラミングとどう違うんだろう。

「プログラミング」というと、通常はコンピュータへの指示を入力していく作業のことをいいます。ただし業務の現場で開発といえば、もっと広い範囲の仕事をイメージすることができるかもしれません。

まずプログラムに必要となる要件を調べます。顧客からの受注でプログラムを制作する職場なら、顧客としっかりとした打ち合わせも必要になるでしょう。そしてどのようにしてそれを実現するか、プログラムの内容を設計します。さらに、この内容をプログラムとして入力していくことになります。こうしたプログラミングの仕事は、多数の人間で分担して開発していくことになります。

プログラムは一人で作るものだと思っている方もいらっしゃるかもしれません。もちろん、一人でやっていくプログラミングの作業も大切です。今はプログラミングに必要なツールや情報がインターネットのサイトで手軽に入手できるようになっています。作成したプログラムを公開するサイトもあります。それらを利用することで、たとえ一人でも大勢で作るものと同じレベルの開発ができるので、個人開発者が活躍できる場も広がっています。しかし仕事の場では大勢の方々と一緒に作業することが重要となっています。

プログラミング作業を分担する

カズマ：一人でもプログラミングできる。でも、仕事上のプログラミングは大勢で分担することが大切なんですね。

健一：大規模な工場のシステムであれば、多数の開発者たちとプログラミング作業を分担することになるだろうね。

カズマ：でも、プログラミングを皆で分担するっていうイメージ、僕にはなかなかわかないなあ。

プログラムはコンピュータに指示する命令です。この命令は普通、コンピュータのファイルに入力して指示していくことになります。大規模なシステムでは膨大な指示が必要になります。そうした指示をいくつものファイルに分割してプログラムを作っていくことができれば、大勢の人間で分担ができることでしょう。

分担して作られたプログラムは組み合わせられて動作します。大勢の人間で分担して大規模なプログラムを作り上げていくことができるのです。

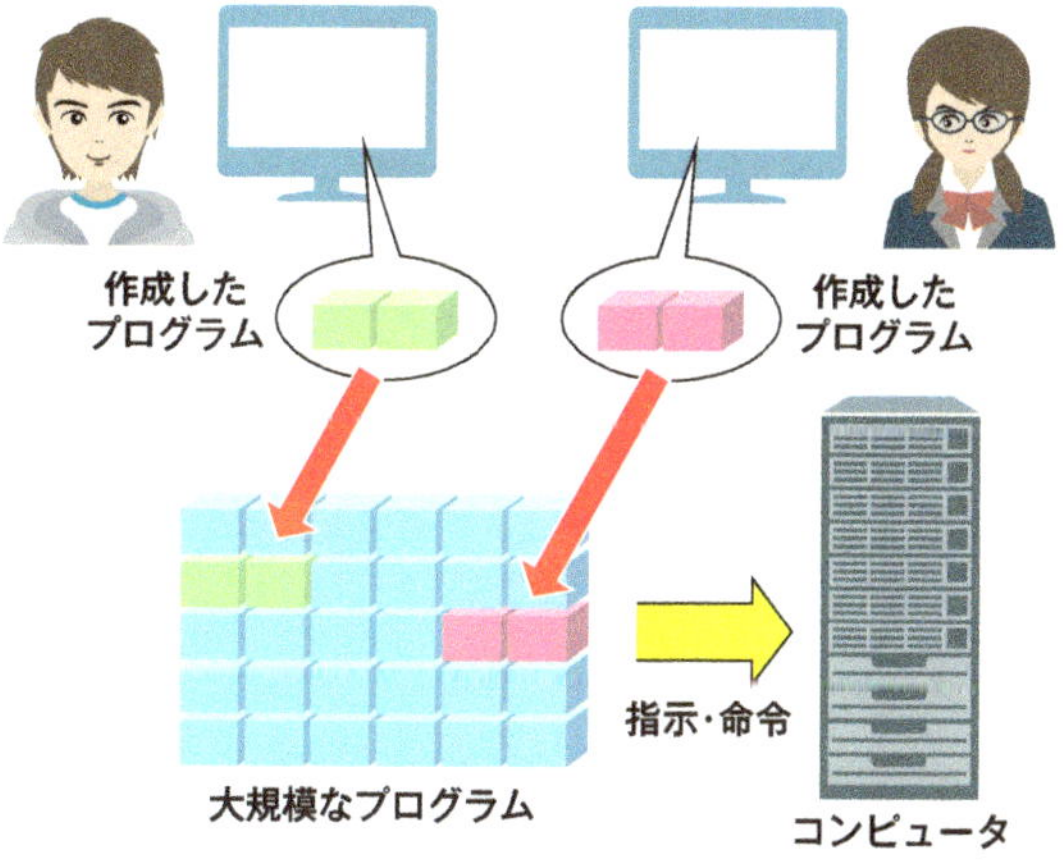

図　プログラミング作業を分担する

作業の分担は大切です。実際一人でプログラムを作成しているように思えるときでも、自分一人だけでプログラムを作り上げているわけではありません。プログラムを作成する際には、公開されているさまざまな標準的な機能を利用することになります。過去に大勢の人間たちによって作られてきたプログラムの資産を利用して、自分のプログラムを作り上げていくのです。このとき、実際にはさまざまな人々と作業を分担しているのだともいえるでしょう。

Javaでプログラムのしくみを学んでしまおう

さて、皆さんの中にはカズマくんのように将来IT企業で働くプログラマーになりたい方もいらっしゃるかもしれません。あるいはWebページのデザインをしてみたいと思っている方もいるかもしれません。あかりちゃんの世代のように、学校でインターネットなどについても習っているし、ホームページなら作れるという方もいらっしゃるでしょう。

しかし基本的なWebページだけではできないことも多くあります。インターネットのショッピングサイトにはプログラムの技術が必要になることがあります。またWebページをデザインする仕事でも、プログラムのしくみを知ることは大切です。しくみを知っておけば、ショッピングサイトの仕事にも関わっていけるかもしれません。

また今、注目のスマートフォンアプリのプログラミングをやってみたい方もいるかもしれません。Ｊａｖａではスマートフォンのアプリを作ることができます。

Ｊａｖａは広いジャンルでの応用がききます。身につけておくプログラミング言語として、よい選択ではないでしょうか。

Ｊａｖａを学習する！　と決めたらまず何を用意する？

さて、ここまでにＪａｖａがどんな場面で使われるかを紹介してきました。Ｊａｖａを学んでみよう、やってみようという気分になってきたでしょうか。この本では概念ばかりでなく、実際に体験するとわかりやすいところでは「やってみよう」という項目でプログラミング実体験も紹介します。

本書を読み終わったあとに難しい専門書を読むと、よりわかりやすくなるでしょう。プログラミングに関するネット記事もすぐ理解できるようになるかもしれません。Ｊａｖａを学べば、ほかの言語学習に応用できるところもあります。各種のプログラミング言語には共通する部分もありますから、まずＪａｖａから始めて、あとからほかの言語を習得していくこともできるでしょう。

ともあれ、とりあえずＪａｖａを学ぼうとするときにまず用意しなければならないのが、プログラムの開発ツール。さっそくやってみましょう。

やってみよう
Javaの開発ツール

Javaの開発において基本となるツールが、JDK（Java Development Kit）です。

JDKはキーボードからコマンドを入力して、Javaプログラムを開発することができます。

キーボードから操作するJDKは、これからプログラムを始める方にとってはなじみが薄いものかもしれませんが、シンプルで学びやすいものとなっています。また、実際の開発の際にもJDKの知識が必要です。ほかの開発ツールを導入する際の基礎ともなっています。

JDKのダウンロード

JDKは、Javaの開発元であるオラクル社のサイトから入手することができます。ツールの使用許諾書（ライセンス同意書）に同意すると、無料でダウンロードすることができます。インストールも自動で行われます。ただし、いくつかの設定が必要になります。

JDKのダウンロード・設定方法は、191ページからの付録で紹介しています。実際にインストールをしてみてください。本書ではこれからJDKを用いてプログラミングを体験していきます。

1章

さっそくＪａｖａを体験してみよう

本章ではＪａｖａを学んでいくうえでの第一歩として、かんたんなプログラミングを体験してみましょう。プログラムは入力・変換・実行の３つの段階で作成します。まず基本の流れをおぼえましょう。

プログラムを入力するには

カズマ：これからプログラミングを体験していくんですよね。どんなプログラムを作るんですか？

健一：大規模なものではなくシンプルなものでやっていこう。まずはメッセージを画面に表示してみることにしよう。

あかり：プログラミングをするためには何を使うの？　どんなツールを使えばいいのかな。

健一：パソコンに入っているテキストエディタを使って入力できるよ。

あかり：「テキストエディタ」って文字を入力するアプリケーションのことね。ホームページを作ったときに使ったわ。私のＰＣにも入ってる。

プログラムはテキストエディタで入力できます。テキストエディタは文字の並びだけを作成・保存するシンプルなアプリケーションです。Ｗｉｎｄｏｗｓに付属する「メモ帳」などのテキストエディタに入力して

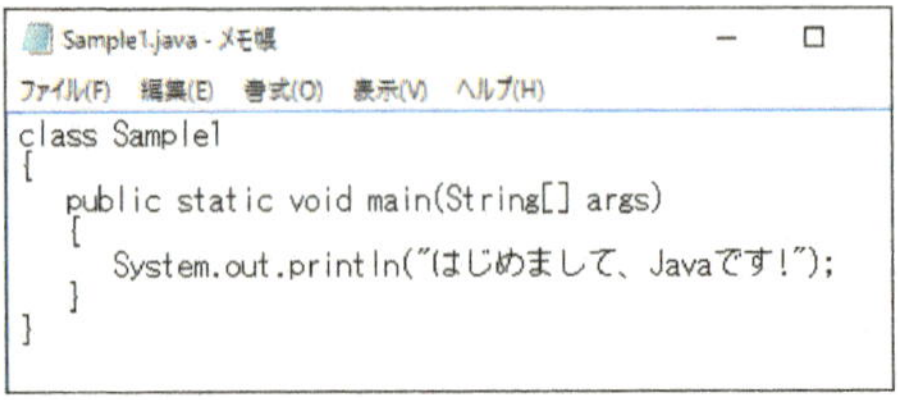

図1-1　ソースコード

やってみよう

ソースコードを作成・保存する

Windowsの場合、付属しているツールの「メモ帳」でソースコードを作成することができます。下記の内容をメモ帳に入力してください。

Javaのソースコードは「××.java」というファイル名で保存します。これをソースファイルといいます。「××」には通常1行目のclassのあとにある言葉を指定します。ここではSample1.javaという名前で保存しましょう。

```
class Sample1
{
    public static void main(String[] args)
    {
        System.out.println("はじめまして、Javaです!");
    }
}
```

Sample1.java

入力する際に気をつけておいたほうがいいことを紹介しましょう。

・日本語以外の部分は英数字の半角で入力します。
・5行目の最後に ; をつけます。
・{ の後ろは改行します。
・{ と } が対応するように気をつけます。
・{ }にはさまれた行はスペースキーまたはタブキーを使って半角3字分程度下げると読みやすくなります。

作成することができます。入力するプログラムは**ソースコード**（コード）と呼ばれます。

コンパイラで変換する

入力したソースコードはどのようにして動作するのでしょうか。プログラムを動作させるためには、ソースコードを、コンピュータが理解できる命令からなるプログラムに変換する作業が必要になります。この作業を**コンパイル**といいます。

コンパイルを行うツールは

します。

```
cd c:¥SampleJ↵
```

移動したら、いよいよコンパイルを行います。このためにはコマンド「javac」を使います。

```
javac ソースファイル名↵
```

なお、ここで紹介するように、「javac」を扱うためには付録で紹介した「環境変数」（195ページ）を設定しておくことが必要ですので注意してください。ここでは、次のようにjavacコマンドを入力します。

```
javac Sample1.java↵
```

すると、ソースファイルが保存されていたディレクトリに、「Sample1.class」というバイトコード（クラスファイル）が作成されます。

コンパイラと呼ばれます。このツールは付録でダウンロードしたＪＤＫに含まれています。ＪＤＫをインストール・設定することによって、コンパイルの作業ができるようになります。コンパイルによって変換されたコードは**バイトコード**と呼ばれます。作成されたファイルは**クラスファイル**と呼ばれます。

インタプリタで実行できる

Ｊａｖａの開発ツールにはバイトコードを動作させるプログラムが含まれています。

やってみよう

コンパイルする

ソースファイルをコンパイルするにはWindowsに付属する「コマンドプロンプト」というツールを使います。

コマンドプロンプトは、コマンドと呼ばれる命令を入力するWindowsツールです。

コンパイルするソースコードを指定すると、JDKに含まれるコンパイラでコンパイルができます。

コマンドプロンプトを起動するにはWindows画面左隅下のスタートボタンを右クリックして、メニューから「コマンドプロンプト」を選択します。

起動したら「cd」コマンドを入力し、ソースコードを保存したフォルダ（ディレクトリ）に作業場所を移動します。

```
cd ソースファイルを保存したフォルダ名↲
```

たとえばCドライブの下に「SampleJ」フォルダを作り、その中にファイルを保存した場合は次のように入力

やってみよう

プログラムの実行

コンパイルが終わってクラスファイルが作成されたら、プログラムを実行しましょう。プログラムを実行するときにもコマンドプロンプトを使います。インタプリタを起動するには、次のように入力します。

```
java クラス名↵
```

ここでは、次のように入力します。このときクラスファイルの拡張子（.class）等は必要ありませんので注意してください。

```
java Sample1↵
```

正しく実行できれば、次のように表示されます。

```
はじめまして、Javaです!
```

プログラムの作成から実行までをまとめてながめておきましょう。

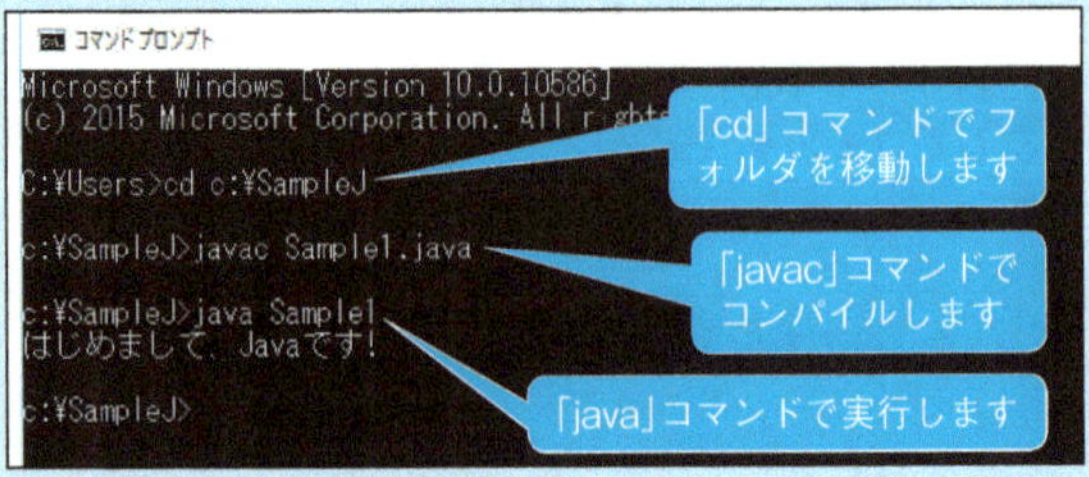

プログラムのコンパイルと実行

実行するのは、JDKに含まれる**インタプリタ**というプログラムです。クラスファイルを読み込んで実行します。

失敗！　エラーが出てしまった！　……でも大丈夫

カズマ：健一さん！　教わった手順通りにやったのに、この画面、エラーが出てるみたいです。ショック……。

健　一：くじけなくて大丈夫だよ、カズマくん。エラーは基本的に入力間違いの箇所を表示してくれているからね。

あかり：エラーの内容をよく読めば、入力ミスをみつけることができるのね。

コンパイラは変換の際にエラーをチェックしてその内容を表示してくれます。本章で紹介したプログラムを入力する際、1ヵ所セミコロンを忘れてしまったとしましょう（次ページの図1－2）。するとコンパイラはエラーがみつかった行である「5行目」を表示して止まります。5行目行末の；（セミコロン）を忘れてしまったことに気づくでしょう。

また最後の｝（カギカッコ）を忘れてしまった場合にもエラーが表示されます（図1－3）。このときにはファイルの最後に書くべき｝が足りなかったことがわかります。

●入力ミスの例1

```
class Sample1
{
    public static void main(String[] args)
    {
        System.out.println("はじめまして、Java です!")
    }
}
```

;(セミロコン)を忘れています

●変換結果

```
Sample1.java: 5:エラー ';'がありません。
```

図1-2　エラーの例

●入力ミスの例2

```
class Sample1
{
    public static void main(String[] args)
    {
        System.out.println("はじめまして、Java です!");
    }
```

}(カギカッコ)を忘れています

●変換結果

```
Sample1.java: 6:エラー　構文解析中にファイルの終わりにうつりました。
```

図1-3　エラーの例

このようにコンパイラが表示するエラー情報を読むことによって、ソースコードの入力ミスを訂正することができます。

プログラムの誤りを素早く的確に発見できるようになるまでには、こうしたエラーに何度も出会うことになるかもしれません。初心者のうちはそうしたエラーが出るとくじけてしまいがちですが、エラーを修正していくことで少しずつ学び、確実に上達できるものです。そして慣れてくると、誤りを素早く的確に発見できるようになってきます。エラーを恐れず、数多くプログラムを作って経験を積んでいくとよいでしょう。

1章のまとめ

Ｊａｖａのプログラムは、次のように作成することになります。

- ①「ソースコードの作成」……Ｊａｖａによる命令指示をテキスト形式で作成します。
- ②「コンパイル」……ソースコードをバイトコードに変換します。
- ③「プログラムの実行」……バイトコードを実行します。

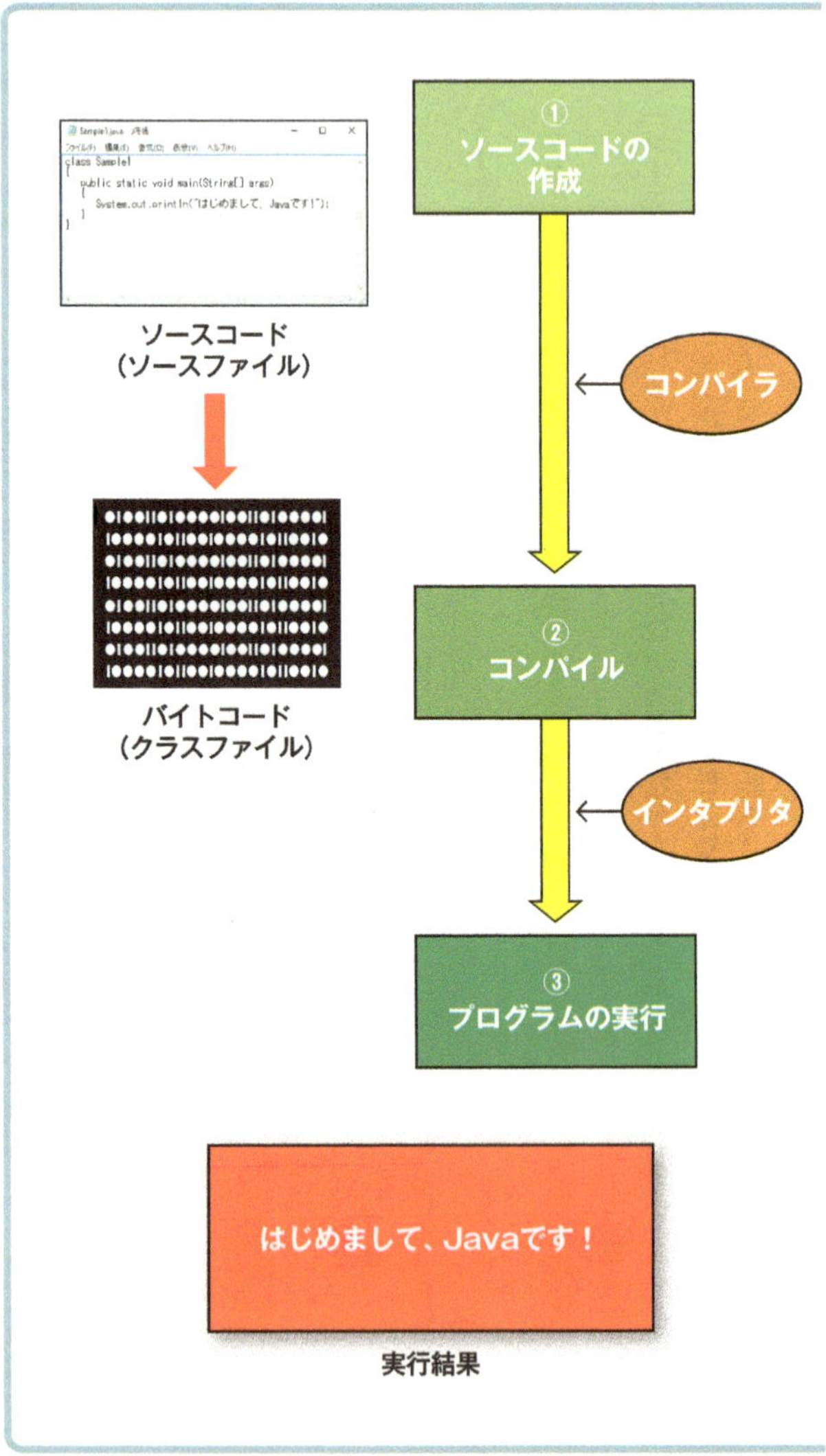
①
ソースコードの作成
コンパイラ
②
コンパイル
インタプリタ
③
プログラムの実行
ソースコード
（ソースファイル）
バイトコード
（クラスファイル）
はじめまして、Javaです！
実行結果

2章

Javaの実用性と特徴を知ろう！

さまざまなプログラミング言語が普及している中で、Javaは中心的な地位を占めてきました。Javaはどんな言語なのでしょうか。どのような実用性と特徴があるのでしょうか。この章では、なぜJavaが注目されるのかに迫ります。

Ｊａｖａは多彩な開発現場で活躍する

カズマ：１章では画面にメッセージを表示するプログラムを作りましたね。でもプログラミングってもっと複雑なんじゃないですか。

あかり：そうね。私も自分のホームページを作るとき、キーボードでたくさん入力したことがあるもの。

カズマ：本格的なＪａｖａのプログラムを作るには、もっとたくさんのコードを入力しなければならないんじゃないかな。

健一：大丈夫。Ｊａｖａは開発に必要な高度な機能を手軽に利用していくことができる。高度な機能を利用できるＪａｖａは、多彩な現場で活躍しているんだ。

Ｗｉｎｄｏｗｓ ＰＣ、Ｍａｃ、スマートフォン……現在ではさまざまなＩＴ機器が普及し、必要となるアプリケーションも多種多様になっています。このため、プログラムをより効率よくスピードをもって開発していくことが求められています。

Ｊａｖａは高度な機能を手軽に利用し、効率よくプログラムを開発することができるようになっています。この強みを活かし、Ｊａｖａは多彩な開発現場で活躍しています。ここでは代表的な開発事例として、スマートフォンアプリとショッピングサイトの開発の2つを紹介しておきましょう。

Androidアプリの開発で活躍する

Javaはスマートフォンアプリ開発の現場で用いられています。スマートフォンOSの1つであるAndroid（アンドロイド）では、Javaによるアプリケーション開発が行われています。

図2-1はAndroidアプリの開発の画面です。Androidの標準的な開発ツールである「Android Studio」では、アプリの動作を指示するためにJavaを使います。

スマートフォンには携帯ツールとしてさまざまな便利な機能が備わっています。インターネットに接続する機能や電話をかける機能、写真を撮影し、動画の再生を行う、といった高度な機能もあります。そして位

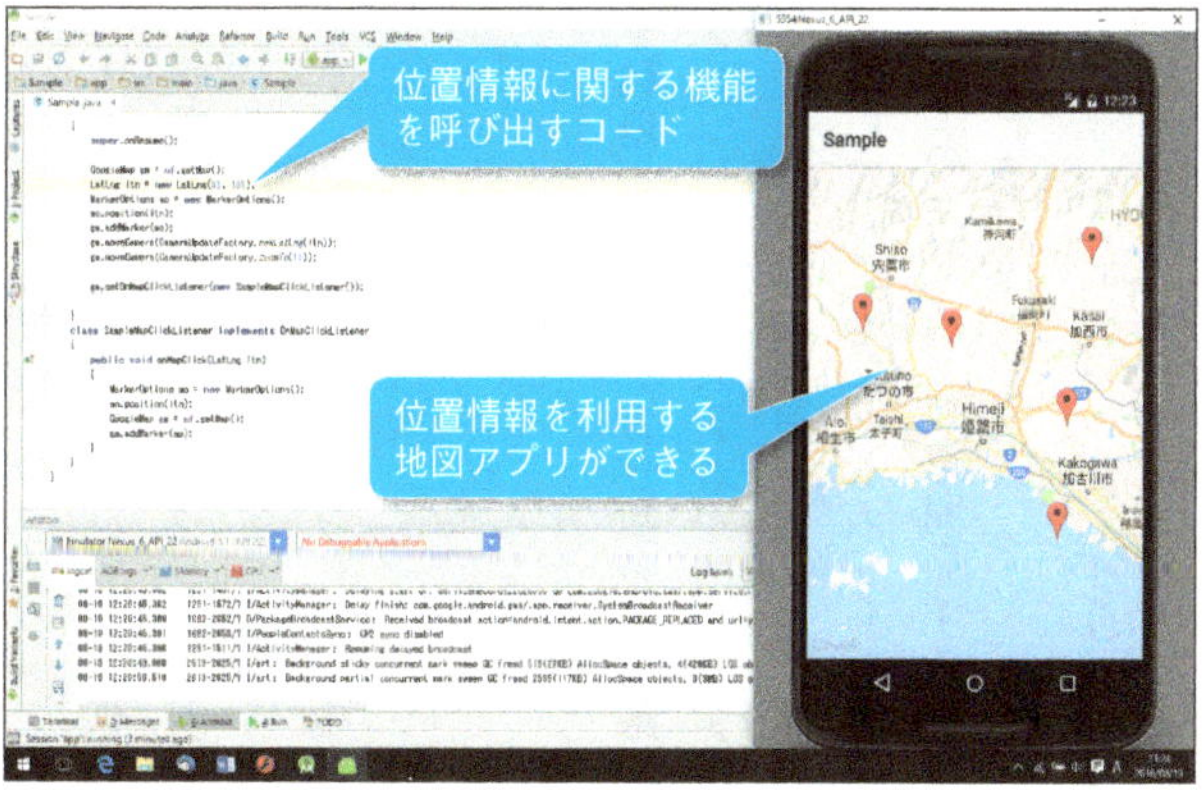

図2-1　スマートフォンアプリの開発事例

置情報などを活用する機能もあります。Ｊａｖａを使えば、こうした高度なスマートフォンの機能を活用するさまざまなアプリを開発していくことができるようになるのです。位置情報機能を利用するアプリを開発する際にも、位置情報に関する難しい機能をゼロからプログラミングする必要はありません。位置情報を取得する機能を利用するコードを書けばいいのです。前ページの図２－１でも位置情報機能を呼び出すコードを記述しています。スマートフォンならではのユニークなアプリを開発することもできるでしょう。

ショッピングサイトの開発にも使われる

次の事例を紹介しましょう。インターネットではＷｅｂを利用したシステムが数多く活躍しています。たとえば商品画像を見ながらアイテムを購入するショッピングシステムがあります。また大勢の人間が意見を書き込むことができる掲示板もあります。これらのショッピングサイトで扱う商品のデータや掲示板に書き込まれた文章のデータを配信しているインターネット上のコンピュータは、Ｗｅｂサーバと呼ばれます。このＷｅｂサーバ上のプログラムを開発する場合にも、Ｗｅｂサーバの機能を活かせるＪａｖａが利用されるのです。

図２－２はショッピングサイトのシステムをあらわしています。このショッピングサイトではＷｅｂページに商品名を入力すると、該当する商品を検索します。Ｊａｖａのプログラムは、シ

ョッピングサイトのコンピュータに保存されている商品データベースから商品データを検索してＷｅｂページに表示することができます。これらのプログラムが利用者の目にふれることはなかなかありませんが、ショッピングシステムを開発していく中で、重要な役割を担当しています。

個人でも高度な開発ができるＪａｖａ

カズマ：スマートフォンアプリの開発やＷｅｂを使ったシステムかあ。僕でも始めることができるのかな。

健一：もちろん。カズマくんのようにプログラムをこれから始める人でも、Ｊａｖａでは高度な機能を手軽に入手して利用できるようになっているんだ。

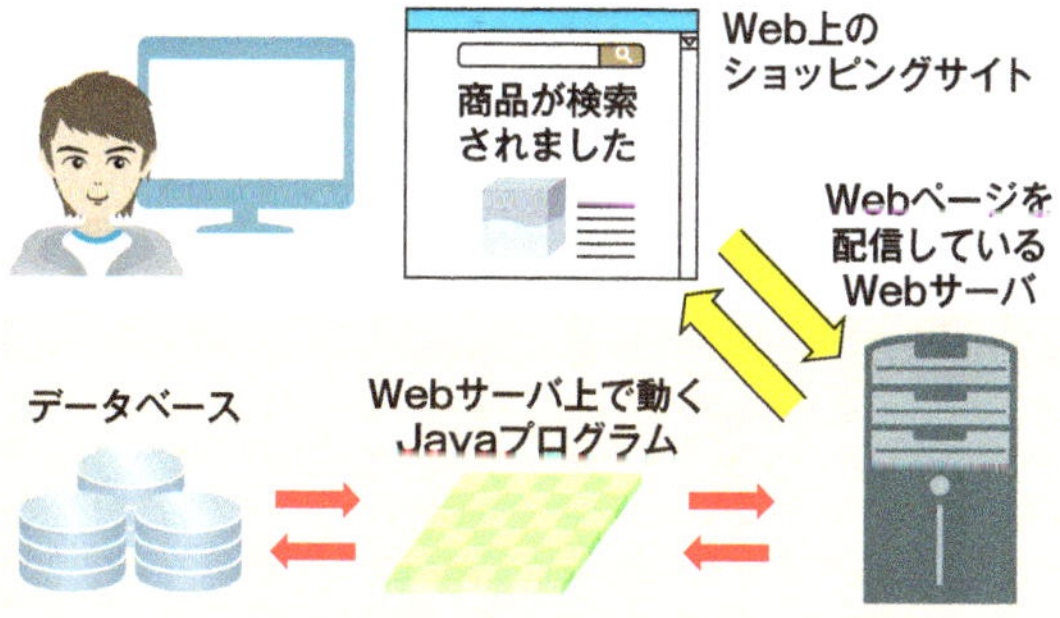

図2-2　ショッピングサイトで動作するJavaプログラムの例

Ｊａｖａによって多彩なプログラムを開発していくために、Ｊａｖａには各種開発に対応する環境が整えられ、数多くの機能が簡単に利用できるようになっています。たとえば1章で作成したようなＰＣ画面にメッセージを表示する機能は、開発ツールであるＪＤＫの中に一般的な機能として含まれています。ＪＤＫはこのほかにも、簡単な計算を行う機能からネットワークに接続する機能まで、ＰＣなどで利用される標準的な機能を多数提供しています。ゼロからプログラミングをしなくても、必要な機能を利用するソースコードを書くだけで済んでしまうのです。

またＪａｖａの開発元であるオラクル社は、Ｗｅｂサーバ上で動作するプログラムを構築するための機能もＪａｖａのサイトで公開しています。Ｗｅｂサーバ上で動作するプログラムを作成する場合には、こうした機能をＪＤＫの拡張機能としてインターネットからダウンロードして利用することができます。

さらにスマートフォンＯＳのＡｎｄｒｏｉｄを開発するグーグル社では、Ａｎｄｒｏｉｄアプリを開発するための機能を提供しています。この機能は開発ツール「Android Studio」に添付されており、最新機能をネットからダウンロードすることもできるようになっています。こうしてさまざまなアプリケーションを開発する機能が、開発者のニーズにあわせて利用できるようになっているのです。

Ｊａｖａではこれら企業が公開している機能を利用することができます。たった一人で開発する個人プログラマであっても、充実した環境・機能を利用し、簡単に高度なアプリケーション開発に取り組むことができるようになっているのです。

大規模なプログラムを作ることもできる

またＪａｖａは大規模な開発を行うことも想定されています。１章ではソースコードをコンパイルしてクラスファイルを作りました。作成されたクラスファイルは組み合わさって大規模なプログラムを構成することになります。Ｊａｖａではこうして組み合わされるファイルを大勢の人間で分担して作成していくことができます。ＪＤＫに添付される標準的な機能や、各種ＩＴ企業が公開しているそのほかの高度な機能も、こうしてさまざまな人たちが設計・構築してきたプログラムの集まりからできています。Ｊａｖａではいろいろな人たちが作ってきたプログラムを利用して、開発をしていくことができるのです。

このようにＪａｖａには大規模で効率的な開発を行うためのさまざまなしくみが備えられています。Ｊａｖａができればいろいろな可能性が広がるのです。

あかり：Ｊａｖａには多くの人が使えるようにいろいろな機能が用意されているのね。
カズマ：ある程度基本をマスターすれば、僕も開発に関われそうに思えてきました。

健一：本格的にJａｖａのプログラミングを学ぶ前に、Ｊａｖａの特徴を紹介しておこう。

Ｊａｖａが広く普及した理由

Ｊａｖａは1995年に登場し、ＩＴの発展とともに普及してきました。まずＪａｖａはホームページ上などで動くプログラムとして注目を集めました。このプログラムはアプレットと呼ばれていました。アプレットは当時まだめずらしかったＷｅｂページ上で動作するプログラムを作成することができ、Ｊａｖａを普及させてきたのです。その後、ＪａｖａはショッピングサイトのようなＷｅｂサーバ上で動作するプログラムとしてさらに普及しました。すでに紹介したように、ショッピングサイトなどの裏方ではデータを検索するなどのプログラムが動作しています。Ｊａｖａはこうしたショッピングサイトの構築などに使われたのです。

そして今、Ｊａｖａはパソコンのみならずスマートフォン、タブレットなどの各種ＩＴ機器のアプリの開発に利用されています。

こうしてＪａｖａが普及してきたその理由を2つあげてみましょう。1つはバイトコードを利用していること、もう1つはオブジェクト指向と呼ばれるプログラムの設計思想があります。ここで2つの理由をくわしくみていくことにします。

バイトコードを使うJavaの強み

Ｊａｖａは1章でみたように、コンパイラによってバイトコードと呼ばれるコードに翻訳されます。1章のバイトコードはインタプリタで実行しました。このインタプリタは、ＪａｖａＶＭ（Ｊａｖａバーチャルマシン）という名前でも呼ばれます。バイトコードは、ＪａｖａＶＭによってどのような環境でも同じコードが動作します（次ページの図２－３）。これは、さまざまな機器が普及している現在、Ｊａｖａの強みになっています。

たとえばＩＴの世界で長く使われてきたＣ言語などの言語では、コンパイラによってコンピュータの内部にあるＣＰＵが直接理解する命令に変換されるしくみをもっています。ＣＰＵはコンピュータの機種環境によって異なる場合がありますので、Ｃ言語などのプログラミング言語ではコンパイラによって環境ごとにプログラムを作成しなければなりません。

一方、Ｊａｖａではそのようなことをせず、作成した1つのプログラム（バイトコード）をさまざまな環境で利用することができるのです。

インターネット上で配布される地図アプリなどは、パソコンやスマホ、タブレットなどさまざまな機器やＯＳから利用されることがあります。しかし、このとき各機器・ＯＳ用のプログラムをそれぞれ用意していては大変でしょう。Ｊａｖａなら1つのアプリについて1つのプログラム

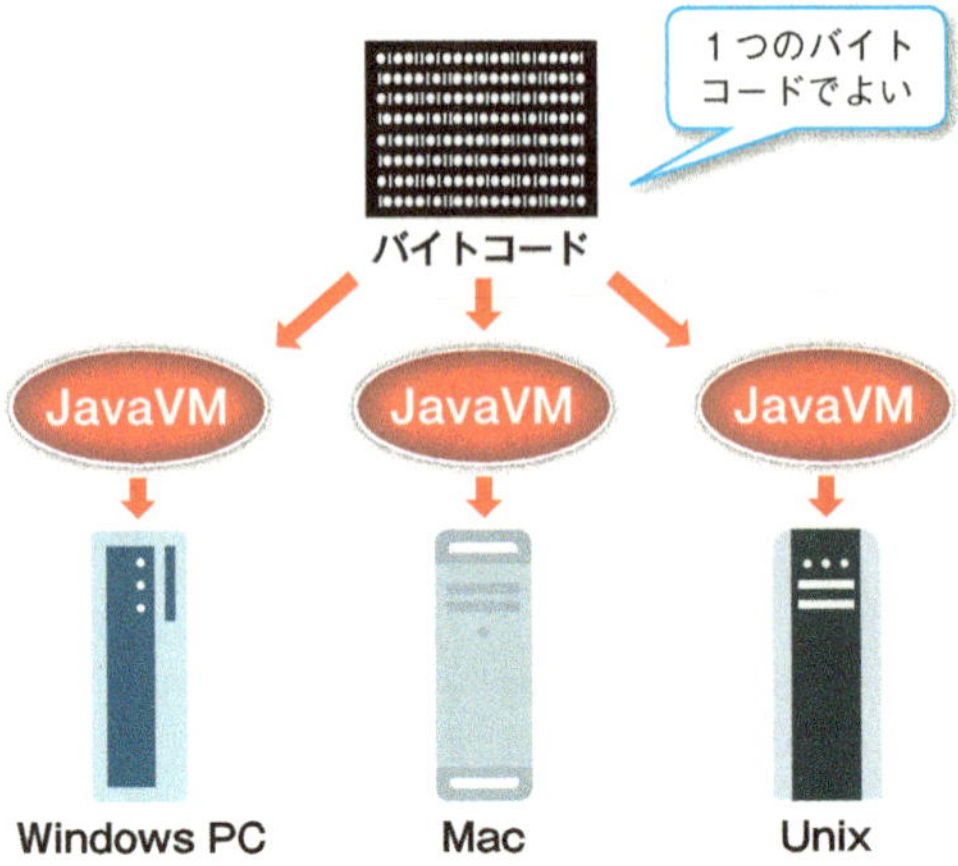

図2-3　バイトコードはさまざまな環境に対応できる

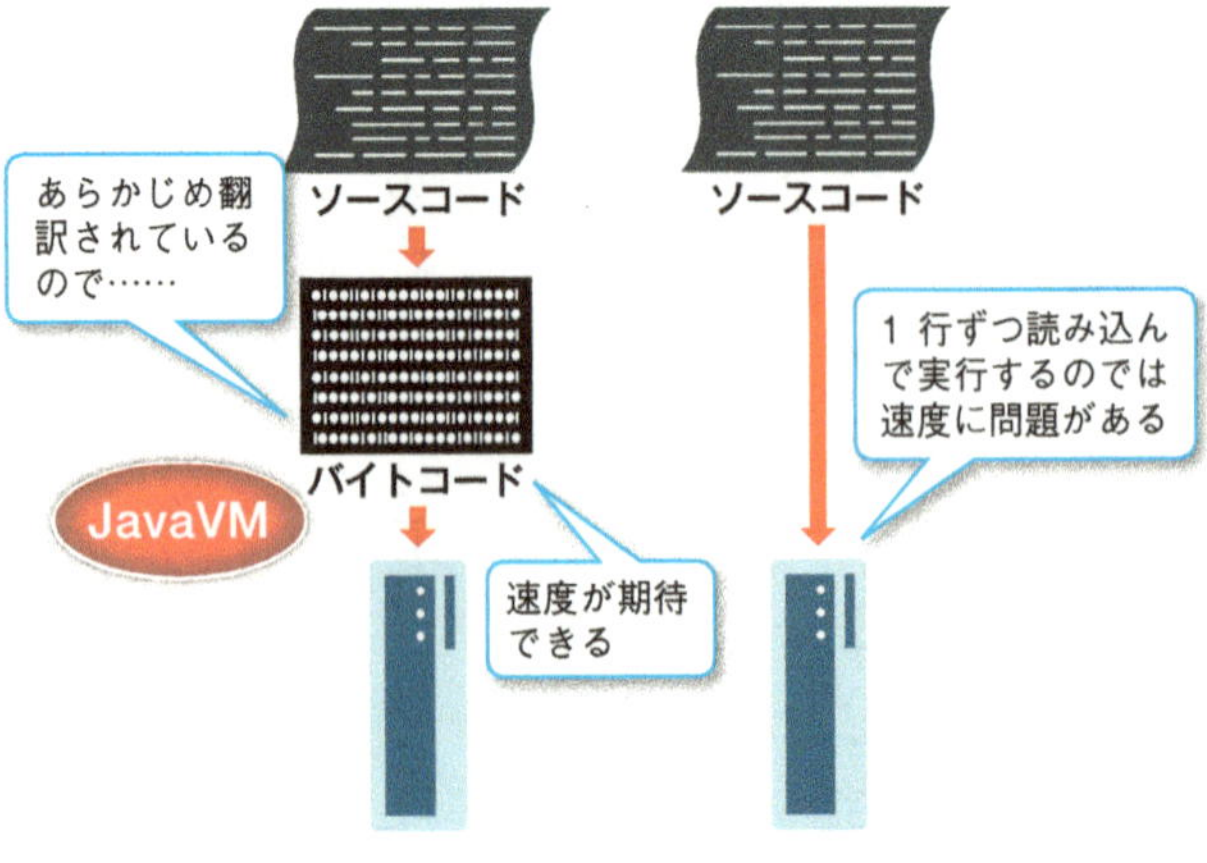

図2-4　バイトコードは速度が速い

で済みます。これによってアプリを改良するときも、効率よく行うことができるでしょう。インターネットにPC、携帯電話、タブレットなどさまざまな機器が接続する現在では、こうしたバイトコードの利用はＪａｖａの強みといえます。

また、Ｊａｖａはあらかじめコンパイラによってバイトコードに変換されます。この形式はＣＰＵで1行ずつ読み込んで実行する形式よりも実行速度が期待できます。多様な環境に対応し、実行速度にも優れている。Ｊａｖａにはこうした強みがあるのです。

なお、バイトコードを実行するためのＪａｖａＶＭはＪＤＫをインストールしなくても、ＯＳにすでにインストールされていることがあります。また、Ｊａｖａで作ったプログラムをインストールする際に一緒にインストールされることもあります。

オブジェクト指向のプログラムとは

次に、オブジェクト指向について説明していきましょう。Ｊａｖａは、**オブジェクト指向**と呼ばれるプログラミング思考法のもとに設計されています。これは、Ｊａｖａがプログラミング言語の中で主要な位置を占めるにあたって欠かせない思考法となってきました。

プログラムは人間の手で作られます。限られた人手や時間の中でプログラムを作っていくにあたっては、より短期間で効率的に作成でき、問題の起こりにくいプログラムを生産していくこと

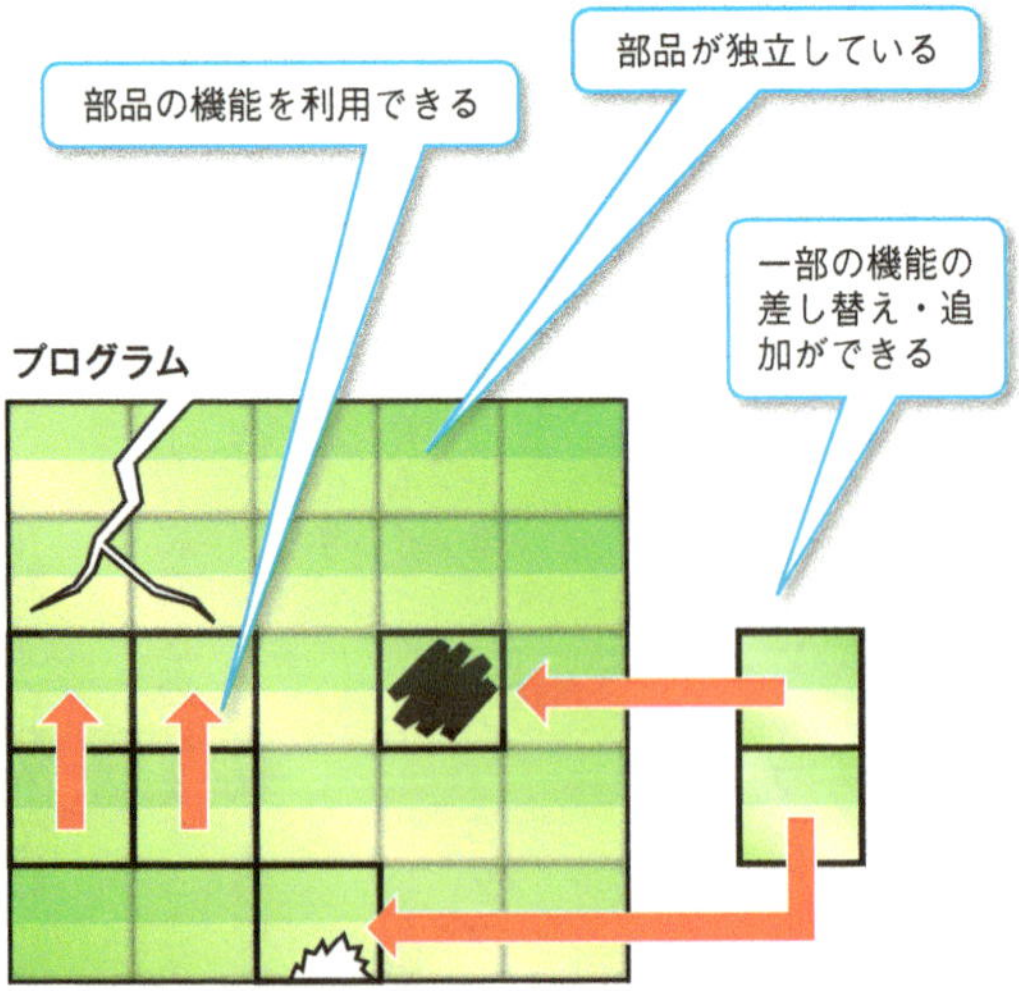

図2-5上　オブジェクト指向でないプログラムのイメージ
　　　下　オブジェクト指向のプログラムのイメージ

が大変重要な課題です。特に、これは業務としてプログラミングに関わろうとしていく際には重要なテーマとなるでしょう。

オブジェクト指向は、そんな効率化をめざすプログラミング開発の潮流の中で考えられてきました。オブジェクト指向はプログラムの一部を「モノ」のようにみなして、開発を行っていく方法です。

以前から普及してきた各種のプログラミングにおいては、プログラムの内容の修正やバージョンアップなどが行われたときに、プログラムに修正を加えて作り直すことが難しい場合がありました。また、新しいプログラムを作成する場合に、過去に作り上げてきたプログラムの資産を活かすことが難しい状況もあります。

これに対してオブジェクト指向では、プログラムの各部を独立した部品として設計するしくみが考えられています。オブジェクト指向では、このような部品を、「モノ」を組み合わせるようにして、プログラミングしていきます。この結果、より効率的なプログラム開発をめざすことができるのです。

カズマ：オブジェクト指向のＪａｖａが出てくる前はプログラムはどうなっていたんでしょうか。

健　一：オブジェクト指向以前は、場合に応じて処理を分岐したり、処理を繰り返したり、といった基本的な処理構造を組み合わせるプログラミング手法がよく考えられてきたんだよ。この方法は構造化プログラミングと呼ばれている。Ｊａｖａはそうした従来から考えられてきたプログラミング設計方法をおさえている。

カズマ：それだけではだめなんですか。

健　一：日進月歩で技術が更新されていく現在では、そうしたプログラミング手法だけでは高機能なプログラムを効率的に開発していくことがとても難しくなっている。独立した部品にすることで、効率的な開発や誤りの起きにくいプログラムを作るようになっているんだ。

あかり：Ｊａｖａはプログラミング言語としての基本をおさえながらも、オブジェクト指向を取り入れて普及してきたのね。

Ｊａｖａはプログラミング言語自体にオブジェクト指向の考え方が取り入れられています。言語のしくみの中に、オブジェクト指向によるプログラミングを行いやすくするしくみがととのえられているのです。

クラスからオブジェクトが作られる

　ここではオブジェクト指向を少し実感していただくために、Ｊａｖａで取り扱うことができる一番シンプルなオブジェクトを紹介することにしましょう。Ｊａｖａでは文字の並びを、それぞれオブジェクトとして扱うことになります。このような文字の並びには、次のようなものを考えることができるでしょう。

・「カズマ」
・「あかり」

　もちろん「はじめまして」や「ようこそ」のような文字の並びもオブジェクトとして扱うことができます。このオブジェクトは、次のような抽象的な部品からプログラムの実行時に作られるようになっています。

「文字列」

こうしたオブジェクトのもとになる抽象的な部品は、**クラス**と呼ばれています（図２－６）。

クラスはオブジェクトを作るためのもとになる「型」のような役割をもっています。クラスを指定することで、少しずつ違うオブジェクトを作っていくことができます。たとえば粘土のような素材を型で押すと、いくつも同じ形のモノができるでしょう。クラスとオブジェクトはそのような関係に似ています。クラスはオブジェクトのもとになる型となっているのです。

オブジェクトの作成を体験する

そこで、ここではクラスを使ったプログラムの概要を紹介してみましょう。文字列クラスの機能を利用してカズマくんやあかりちゃんの名前を取り扱うプログラムです（図２－７）。まだ難しいかもしれませんが、重要な部分をながめてみることにしましょう。余裕がある方は入力して結果をためしてみてください。

さて、このコード中にあるStringが文字列をあらわすクラスです。たとえば①のように「文字列」クラスを指定すると、「カズマ」という文字列をも

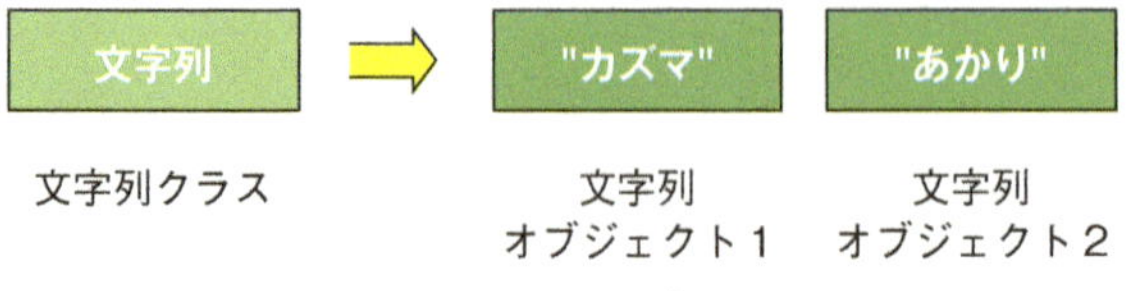

図2-6　クラスとオブジェクト

った実際のオブジェクトを作ることができます。「カズマ」「あかり」という文字列はダブルコーテーション（"）で囲みます。

まずコードでは①でクラスからオブジェクトを作成しています。一般的に、オブジェクトはクラス名にnewという指定を

●コード(Sample2.java)

```
class Sample2
{
    public static void main(String[] args)
    {
        String str1 = new String("カズマ");
        String str2 = new String("あかり");

        System.out.println(str1 + "です！");
        System.out.println(str2 + "です！");

        System.out.println(str1 + "は" + str1.length()
+"文字です。");
        System.out.println(str2 + "の先頭は" + str2.
charAt(0) + "です。");
    }
}
```

❶Stringクラスからオブジェクトを作成しています

❷オブジェクトを画面に表示しています

❸Stringクラスの機能を利用しています

❹このプログラム自体もクラスです

●実行結果

```
カズマです！
あかりです！
カズマは3文字です。
あかりの先頭はあです。
```

図2-7　クラスからオブジェクトを作成する

使って作ります。newですからオブジェクトを「新しく」作っているのです。文字列は非常によく使うオブジェクトなので、もっと簡単に作れる方法も用意されていますが、まずはnewを使った一般的なオブジェクトの作成について知っておきましょう。

次に②をみてください。作成したオブジェクトの内容を画面に表示しています。1つはカズマくん、もう1つはあかりちゃんをあらわす文字列を表示しています。

さて文字列クラスには文字列を記憶するためのしくみや、文字数を調べるといった機能がまとめられています。③をみてください。オブジェクトが作成されると、そのしくみや機能を利用できるようになっています。ここでは「文字列の長さを調べる機能」と「文字列の先頭の文字を調べる機能」を使ってカズマくんの文字数やあかりちゃんの最初の文字を調べているのです。

最後にこの文字列クラスを利用するコードをみわたしてみてください。クラスの先頭（④）にclassという言葉があります。実はこのプログラム全体も1つのクラスになっています。このプログラムをあらわすクラスは、プログラムがどのようにカズマくんやあかりちゃんを表示していくかという、このサンプルプログラム全体の機能を作っているのです。

インタプリタでプログラムを実行すると、私たちの見えないところでプログラム全体をあらわす最初のオブジェクトが作成されて、その機能が呼び出され、「カズマ」や「あかり」といった文字列が指定したとおりに表示されます。

こうしてＪａｖａでは数多くのクラスが組み合わされていくことになるのです。

多様で便利なクラスライブラリ

Stringクラスは便利な部品です。こうした部品がたくさんあれば、いろいろなプログラムに活かすことができそうな気がします。文字でメッセージを表示したり……。

Ｊａｖａではすでに作成されたクラスが多数公開されており、プログラムの部品として入手・利用しやすい環境が整えられています。これらのクラスの集まりを**クラスライブラリ**と呼びます。「ライブラリ」は図書館の意味です。部品とその機能が図書館のように蓄積されています。

クラスライブラリには膨大な数のクラスが存在します。このため各クラスは「パッケージ」という概念で整理されています。たとえば文字列クラスStringは、基本的な機能を提供するjava.langというパッケージに含まれています。

Stringクラスには「文字数をカウントする」や「指定位置の文字を

パッケージ名	内容
java.lang	言語関連機能
java.io	入出力関連機能
java.util	ユーティリティ機能
java.text	テキスト関連機能
java.time	日時関連機能
java.net	ネット関連機能
java.sql	データベース関連機能

表2-1　標準クラスライブラリの主なパッケージ

調べる」などといった機能がまとめられ、利用できるようになっています。

もっとも標準的なクラスライブラリは、ＪＤＫの一部としてインストールされます。

Ｊａｖａではこうした部品を使いこなしながらプログラムを作っていくことになります。部品を使いこなすためにはさまざまな決まりにしたがう必要があります。それではこれから、さまざまなプログラムを作るための基本の決まりについて学んでいくことにしましょう。

2章のまとめ

・Ｊａｖａで、スマートフォンアプリの開発を行うことができます。
・Ｊａｖａで、Ｗｅｂ上のショッピングサイトなどの開発を行うことができます。
・各社が公開するＪａｖａの高度な機能を、プログラムの開発に利用することができます。
・Ｊａｖａのバイトコードは、ＪａｖａＶＭによってさまざまな環境で動作します。
・Ｊａｖａのバイトコードは、高速な動作が期待できます。
・Ｊａｖａは、オブジェクト指向を採用する言語です。
・Ｊａｖａのクラスライブラリの機能を利用することができます。

3章

Javaから始めるプログラミング

2章では、Javaの強みについて紹介してきました。それではJavaは実際どのようなものなのでしょうか。私たちはどのようにJavaのプログラムを書いていけばよいのでしょうか。この章では実際にJavaのプログラムを書いていくうえで欠かせない内容を学んでいきましょう。この章からJavaの決まりである文法について学んでいきます。まずは、データを扱うためのしくみを紹介しましょう。

Javaの「文法」を学ぼう

あかり：ねえ、カズちゃん。私たちってもう、いくつかのプログラムを作ってきたのよね。

カズマ：うん、画面にメッセージを表示したり、クラスからオブジェクトを作成してみたり。Javaのプログラミングを体験することができたよね。でも、まだJavaのプログラムを作っていくのは難しそうだなあ。

健一：それじゃあ、これからJavaについてもっとくわしくみていくことにしよう。Javaのプログラムはプログラミング言語としてのいろいろな決まりにしたがって書いていく必要がある。この言語としての決まりを「文法」というんだ。

あかり：Javaの決まりを知って、プログラムを書いていくことになるのね。

これまでの章ではJavaのプログラムを入力して実行してみました。プログラムを自分で作っていくためには、Javaの決まりである文法を知っておく必要があります。この章から、Javaの決まりについてくわしくみていくことにしましょう。

・クラスにまとめる

Ｊａｖａの決まりを知るために、ここではＪａｖａのプログラムをもう一度ふりかえってみることにしましょう。Ｊａｖａのプログラムは2章でも紹介した**クラス**となっています。Ｊａｖａではプログラムを「クラス」にまとめていきます。これを「クラスの宣言」といいます。

次ページの図３－１のプログラムもクラスとしてまとめられています。「class」という言葉のあとに、自分でつけた名前（クラス名）「Sample」を記述しています。なお、ソースコードのファイル名は「クラス名．ｊａｖａ」とします。

クラスを宣言する際に「class」を使うことはＪａｖａの文法として決められている規則です。「class」のように言語として使われることが決められている言葉は、**キーワード**と呼ばれています。

クラスの名前「Sample」は自分で考えた名前をつけることができます。「Sample」でなくてもかまいませんが、クラスの名前にはいくつかの決まりがあります。まず、Ｊａｖａで使うことが決まっているキーワードをクラス名としてつけることはできません。さらに数字を先頭につけることはできません。また、決まりではありませんが、一般的には日本語ではなく英数字を使い、先頭は大文字にします。

・コメントでわかりやすくする

図3-1③のように「//」の後に続く言葉は**コメント**といいます。

　プログラムのコードはコンピュータをどのように動かすのか、その処理を指示するために書かれるものです。しかしコンピュータに対する指示の羅列だけでは、人間にとって読みづらくわかりにくい場合もあります。このため、コードについての説明文をコードの中に書いておくことがあります。

　コンパイラは//をみつけると、その行の最後までを読み飛ばします。コメントはプログラムの実行結果の画面には表示されません。つまり//の行にはプログラム以外の文字として、人間が読むための説明をつけることがで

●コード

```
class Sample
{
    public static void main(String[] args)
    {
        //サンプルです。
        System.out.println ("はじめまして、Java です。");
        System.out.println ("ようこそ。");
    }
}
```

❶クラス名は自分で決めます
❷mainから実行されます
❸コメントです
❹文の終わりはセミコロンをつけます

●実行結果

```
はじめまして、Java です。
ようこそ。
```

1文ずつ順番に実行されています

図3-1　Javaのプログラム

きるようになっているのです。一般的にコメントには開発者名・開発日付など、コードの説明を記入することが多くなっています。

プログラムを読みやすく書くことは大切です。プログラムの内容がわかりやすくなるように、ほかにもさまざまな工夫が行われます。たとえば、図3－1のコードをみればわかるように、{}で囲まれた部分は先頭を字下げして書くことが一般的です。スペースキーやタブキーを入力することで字下げを行うことができます。

・プログラムの実行が始まるmain

さてＪａｖａのコードをコンパイルすると、図3－1②のように**main**と書かれているところから実行されるようなバイトコードが作成されます。mainは{で始まり}で終わっています。{}で囲まれた部分は**ブロック**とも呼ばれます。ブロックはプログラム中のひとまとまりの処理をあらわすものとなっています。

プログラムでは、この{}の中の処理が順番に実行されるようなバイトコードに変換されることになっています。処理の単位は「文」と呼ばれます。1つ1つの文の終わりを示すため、文の最後には；（セミコロン）をつけます。

たとえば図3－1のコードであれば、1文目の処理による「はじめまして、Ｊａｖａです。」

が表示され、次に2文目の処理による「ようこそ。」が表示されるわけです。

コンピュータは「データ」を記憶する

さて基本的なＪａｖａのプログラムの決まりを知ることができましたので、Ｊａｖａの文法についてさらにくわしくみていくことにしましょう。

コンピュータのプログラムにおいては、「データ」がとても大切なものとなっています。

コンピュータは、図３－２のようにメモリと呼ばれる装置にデータなどを記憶して動作する装置となっています。このため、データはプログラムを作成する上でもとても大切なものとなっているのです。

たとえばＷｅｂショッピングシステムでの精算に使われるショッピングカートでは、どのような処理を行っているのでしょうか。「２つの商品の値段を足し合

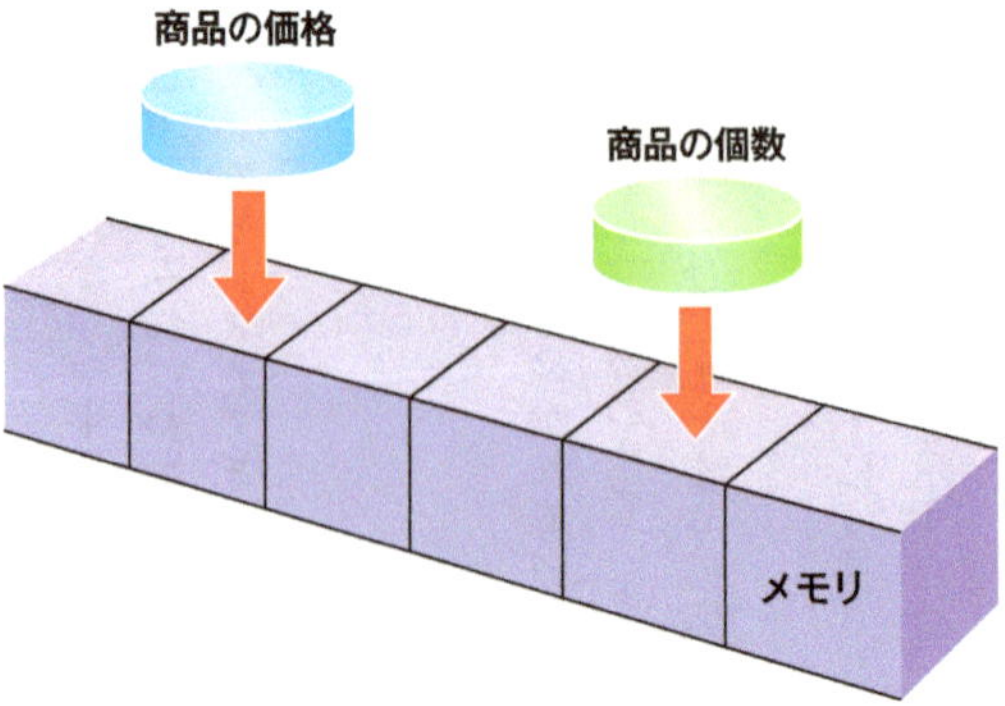

図3-2　メモリにデータを記憶する

わせる」という処理であれば、商品1の価格データと商品2の価格データを足し合わせる処理をして、合計額のデータを得る、という処理を考えることができます。

それでは工場で稼働するロボットを制御するシステムではどうでしょうか。今度はロボットの位置やバッテリー量をデータとして調べて処理するプログラムから構成することになるでしょう。

「変数」にデータを記憶する

そこで、Ｊａｖａでデータを記憶するための決まりを紹介しましょう。データを記憶するしくみとしてもっともシンプルなものに**変数**と呼ばれるものがあります。変数は、各種のプログラミング言語でもよく使われているしくみです。データを記憶し、あとから利用することができるようになっています。Ｊａｖａの変数の場合は、次のようにして使います。

①記憶する場所に名前（変数名）をつけて宣言する
②値を記憶して設定する

まず①について説明しましょう。②については、あとの項で説明することにします。

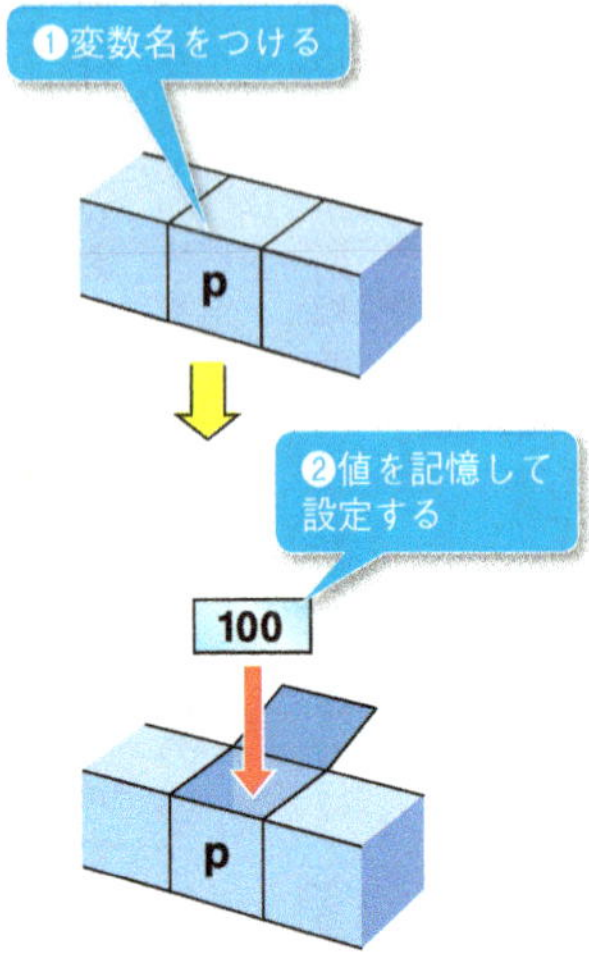

図3-3　変数のしくみ

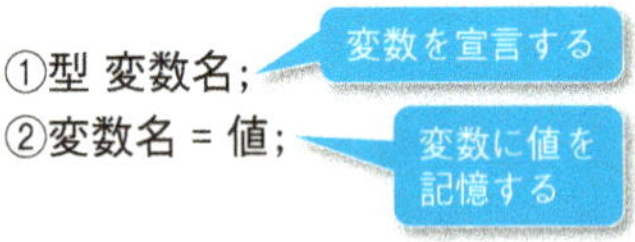

図3-4　変数に記憶する方法

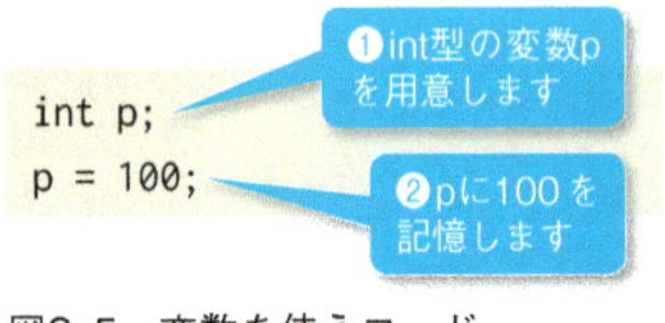

図3-5　変数を使うコード

①のように変数に名前をつけることを、「変数の宣言」といいます。名前をつけてメモリの一部を利用できるようにするのです。変数の宣言は図3－4の①のようにあらわします。

変数の名前には一般的には英数字が使われます。商品の価格をあらわす場合には、pやprice、price1などの名前が考えられるでしょう。なお1priceのように数字を先頭につけることはできません。たとえば図3－5①のように変数pを使うことができるわけです。

「型」はデータの種類をあらわす

変数の宣言では「型」と呼ばれるしくみも指定します。変数の型とはデータの種類をあらわしています。

Ｊａｖａの基本的な型には、次ページの表３－１のような種類があります。Ｊａｖａの型は数値、文字、真偽などに分類することができます。

数値のうち、整数は日常生活でもよく使われていますから、おなじみのものでしょう。広い範囲の値をあらわせるlong型や、狭い範囲の値をあらわすbyte型があります。一般的な整数をあらわすためにはint型がよく使われています。図３－５のｐも整数のint型としています。

小数は「浮動小数点数」と呼ばれます。これは小数点の位置を変更して広い範囲の数値を精度よくあらわすための小数です。一般的にはdouble型がよく使われます。

真偽のboolean型はtrueまたはfalseというどちらかの値をとる型です。これは「はい」「いいえ」のようなどちらか一方になるデータを意味します。たとえば「男性／女性」「既読／未読」のようなデータをあらわすことができるのです。Ｊａｖａの変数はオブジェクトがメモリに記憶されている場所をあらわすこともできます。２章のコードで扱ったstr1、str2がこのような変数にあたります。これらの変数はStringクラスの変数となっています。

種類		型名	サイズ（バイト）	例
数値	整数	byte short int long	1 2 4 8	-128〜127のうちの1つの値 -2^{15}〜2^{15}-1のうちの1つの値 -2^{31}〜2^{31}-1のうちの1つの値 -2^{63}〜2^{63}-1のうちの1つの値
	浮動小数点数	float double	4 8	小数（精度低） 小数（精度高）
文字		char	2	'a' や 'b' など
真偽		boolean	1ビット	trueまたはfalse
配列				68ページのd
クラス（文字列をあらわすStringクラスなど）				49ページのstr1、str2

表3-1　Javaの基本的な型

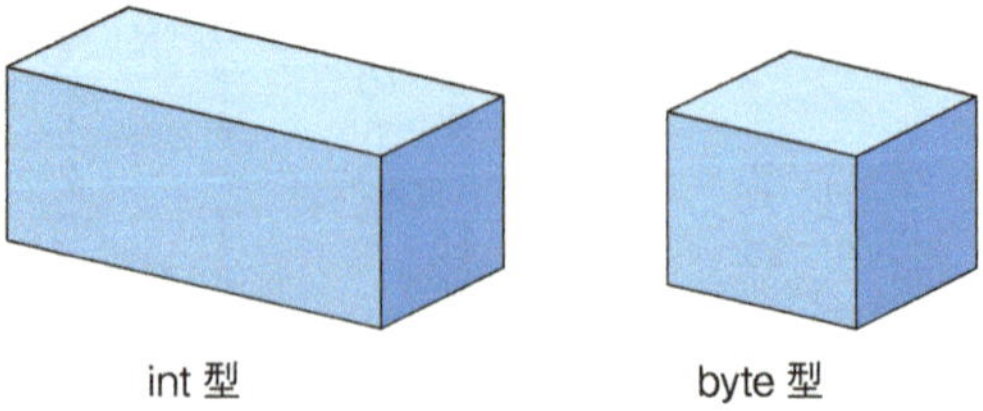

図3-6　型のサイズ

型には「サイズ」がある

なお、表3－1中の型の「サイズ」はデータがメモリ上に占める容量をあらわしたものです。あらわせるデータの範囲を広くしようとすると、たくさんのメモリを必要とします。大きいサイズほど広い範囲のデータを記憶することができます。

たとえばboolean型は2つのうちのいずれか1つの値をとるもので、メモリ上最も小さい単位である1ビットで済みます。byte型は1バイトで、マイナス128～127の整数値のうちの1つをあらわすことができますが、int型は4バイトで、マイナス2の31乗から2の31乗－1という広い範囲の整数のうちの1つをあらわすことができます。

また、浮動小数点数では小数点の位置を移動してできるだけ精度を高くあらわします。たとえば、とても大きい値は小数点以上の桁数を多くしますが、とても小さい値の場合は小数点以下の桁数を多くします。小数点を移動すれば、大きい値と小さい値を精度よく1つの型の範囲の中であらわすことができるようになっています。

データを記憶して設定する

さて、こうして用意した変数にはデータを記憶して利用することになります。データを変数に記憶するには、60ページの図3－4②のように「＝」という記号を使います。60ページの図3－5②ではpという変数に100という値のデータを記憶したのです。「＝」を使うと、左の変数に右の値が記憶されます。値を記憶することで変数にデータを設定するわけです。

カズマ：＝でデータを記憶するなんて、かわってますね。

健一：この記述方法はプログラムではよくみられるものだよ。変数を＝の右において別の変数に値を取り出すこともできるんだ。たとえば図3－7は変数p1とp2を宣言して用意したものだ。ここではp2にp1を設定しているから、p2にも100が設定されるんだ。

データを設定すると、その変数に記憶されていた値があれば上書きされます。なおデータを設定しない変数から値を取り出すことはできません。たとえば図3－7ではp1に値（100）を設定しなかった場合には、p2に値を設定することもできません。

```
int p1, p2;
p1 = 100;
p2 = p1;
```

変数p1とp2を用意します
p1に値100を設定します
p2にp1の値(100)を設定します

図3-7　変数にデータを設定する

データを演算して操作する

　変数にデータを記憶して設定するしくみについて紹介してきました。こうして変数に記憶したデータはプログラムの中で利用していくことができます。データを操作して利用していくことができるのです。データを操作するための処理にはさまざまな方法があります。ここでは最も簡単な処理として「演算」を紹介しましょう。演算をするにあたっては、**演算子**という記号などが使われます。演算子には表3－2のような種類があります。

カズマ：「演算」って……つまりは「計算」のことですか。

健　一：コンピュータの仕事として、50や100というデータをインプットして、その計算結果を求めるなんてことが考えられるだろう。こうしたときに演算が行われるんだ。でも演算は足し算だけじゃない。Javaでは1つずつ値を繰り上げる処理も演算子で書くことができるんだ。

カズマ：そんなものも演算なんですね。

演算子	内容
+	足し算
-	引き算
*	掛け算
/	割り算
%	余りの数
++	インクリメント
--	デクリメント

表3-2　主な演算子

演算子の種類にはさまざまなものがあります。「＋」「－」「＊」「／」などは最もよく使われる演算子です。掛け算と割り算の記号が特殊な形をしていますが、これらは日常よく使われる四則演算を行うものなので馴染み深いでしょう。たとえば足し算の場合には図３－８のように演算を行うことができます。

「％」のようなかわった演算子もあります。これは余りの数を求めるものです。たとえばＡ％７であればＡを７で割った余りを求めることになります。７で割った余りであれば、答えは０～６になりますから、いろいろな数を７つのグループ分けに使うことができます。月～日の曜日を割り振るなどという処理に使うこともできるでしょう。

＋＋はインクリメント、－－はデクリメントと呼ばれ、インクリメントは値を１つ増やす、デクリメントは値を１つ減らす演算を行います。繰り返し数を１つずつカウントしていく際などによく使われます。

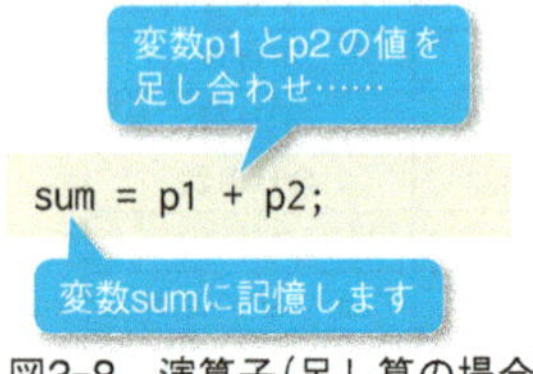
変数p1とp2の値を足し合わせ……
sum = p1 + p2;
変数sumに記憶します
図3-8　演算子（足し算の場合）

大量のデータを記憶できる「配列」

Ｊａｖａには変数のほかにもデータを扱うための便利なしくみがあります。

やってみよう

計算結果を出力する

変数と演算子を使うプログラムを作成してみましょう。このプログラムでは変数p1とp2を宣言し、データを記憶しています。そしてp1とp2を足し算した合計を変数sumに記憶し、画面に表示しています。実行結果のように、2つの商品の合計金額を計算することができるでしょう。

●コード(Sample3.java)

```
class Sample3
{
    public static void main(String[] args)
    {
        int p1;
        int p2;
        int sum;

        p1 = 100;
        p2 = 200;
        sum = p1 + p2;
        System.out.println(p1 + "円+" + p2 + "円は"
+ sum + "円です。");
    }
}
```

❶変数を宣言します
❷変数にデータを記憶します
❸演算します
❹結果を画面に表示します

●実行結果

```
100円+200円は300円です。
```

たとえばＪａｖａには**配列**というしくみが用意されています。これは変数と同様にデータを記憶するしくみですが、配列では同じ型のデータをいくつもまとめて記憶することができるようになっています。変数では１つの値を記憶しますが、配列では多数のデータをまとめて記憶するのです。

配列では個々のデータを**要素**と呼んでいます。準備した配列の要素にはデータを格納することができます。コンピュータで大量のデータを処理する際に役立つでしょう。配列は大量のデータをかんたんに扱うしくみになっているのです。

図３－９では20個の要素をもつ整数型の配列を作成しています。この配列の各要素に１００や２００という値を記憶することができます。

カズマ：最後のd[20]に20個目のデータを記憶する……っと。

健　一：いや、20個の要素の場合、配列の最後の要素はd[19]だ。d[20]という要素は存在しないから気をつけて。配列要素は

```
int[] d = new int[20];

d[0] = 100;
d[1] = 200;
 ・・・
d[19] = 70;
```

20個の要素をもつ配列を用意します

0番目の要素に100を記憶します

1番目の要素に200を記憶します

図3-9　配列を利用する

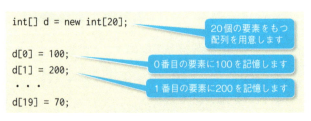

d[0]からはじまるからね。

カズマ：あっ、そうなのか……。確かに数えてみるとそうですね。それじゃあ「d[20]」を使ったコードはコンパイルするときにエラーになるんですね。

健一：いや、配列の要素の範囲に入っているかどうかは、プログラムを実行したときにはじめてエラーが出てわかるようになっているんだ。コードを入力しているときにはみつけにくい場合もあるから注意しておこう。

カズマ：いろんなエラーがあるんですね。気をつけておかなくちゃ。

配列要素の最後の要素には気をつける必要があります。配列要素の最後の添え字は「配列要素－1」となっています。ここでは19となるわけです。

なお、配列要素の個数はコード中で「配列変数名.length」という指定で知ることができるようになっています。

健一：いろいろなデータの記憶の仕方がわかったかな。

カズマ：はい、データを記憶するしくみとして、変数や配列がありましたね。

あかり：演算子を使ってデータを操作することもできたわね。

健一：次はもっと複雑なプログラムをみていくことにしよう。プログラムの処理について考えていくことにするよ。

カズマ：楽しみですね。

3章のまとめ

- データを記憶するために変数を使うことができます。
- 変数を使うには型を指定して変数を宣言します。
- 変数にデータを記憶して設定することができます。
- 変数からデータを取り出して操作することができます。
- データを操作する方法として演算子を使って演算を行う方法があります。
- データをまとめて記憶する配列を使うことができます。

4章

Javaプログラムを思考する

3章では、データを記憶するしくみについて学びました。この章では処理を行うための構文について紹介しましょう。プログラムを作成する際には、プログラムとして行う処理を1つ1つ考えていくことが必要です。Javaには処理を記述するためにさまざまな構文が用意されています。たとえば特定の条件が満たされるときに行う処理を書いていくことができます。これから紹介する構文は、多くのプログラムを書く際に使うことができるでしょう。

プログラムの処理を考える

あかり：商品の合計金額を計算するプログラムができたわね。
カズマ：なんだかこれからいろいろなことができそうだ。もっといろいろなプログラムが書けるといいなあ……。
健一：それじゃあ、Ｊａｖａのプログラムの処理について、もう少し考えてみようか。
あかり：賛成！
カズマ：いいですね！
健一：今度はもう少し複雑なプログラム……カズマくんが作ることになるかもしれない、倉庫や店舗でロボットを動かすシステムのプログラムを考えてみようか。ロボットを倉庫や店舗のフロアの上で動かすためにはどんなふうに指示すればいいかな。
カズマ：うーん。ロボットに「進め」って命令すればいいのかな。
あかり：進めばかりでも駄目よ。目の前が壁だったら、「方向を変える」っていう命令も必要なんじゃないかしら。
健一：「進め」に「方向を変える」か。そう、プログラムを書くときには、そうした小さい命

図4-1　ロボットの動きを考える

令をどんな順序で指示しなければならないかを考える必要があるよね。

たとえば図4-2のように、工場の入り口から入って出口に進む作業ロボットを動かすためのプログラムについて考えてみましょう。

このようにロボットを動かしたい場合、図のように小さな命令を組み合わせていくことが考えられます。複雑な動きも、「進め」「方向を変える」などといった単純な命令の組み合わせから作り上げていくことができます。

もしロボットの目の前が壁だったら、方向を変えるという動きはどうなるでしょうか。こうした処理は複雑に思えるかもしれません。しかしプログラムを考えるということは、このような処理を順番に考えていくことでもあります。こうした処理を行う際の構造をみてみましょう。

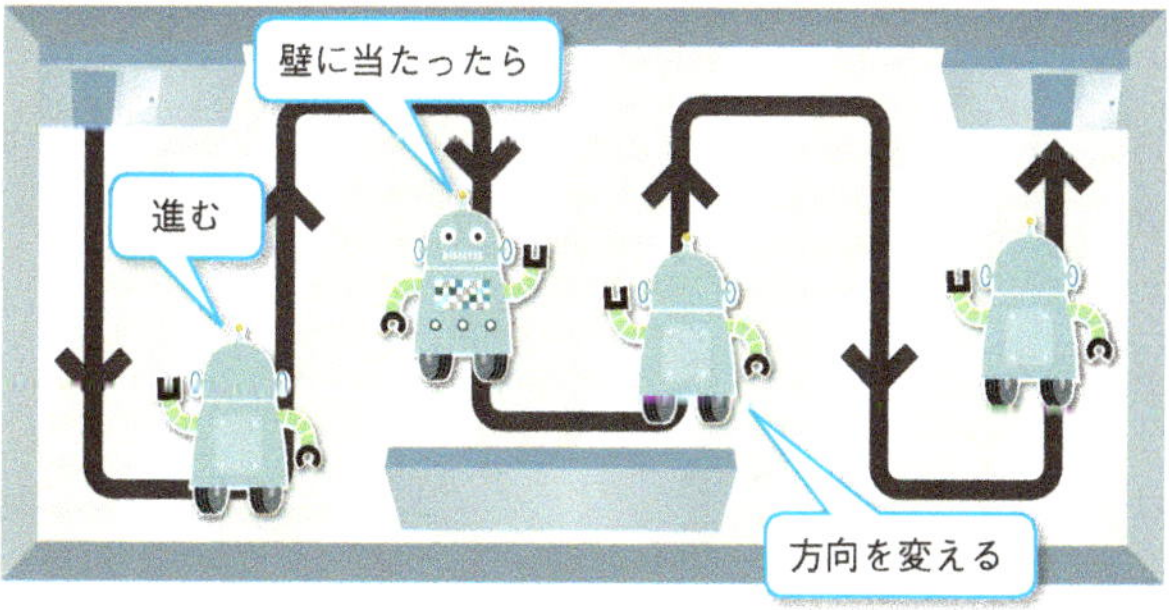

図4-2　プログラムを考える

3つの基本構造をおさえる

プログラミング言語では処理の基本構造が考えられています。Ｊａｖａのプログラムの中で使われる構造として、次の３つの構造があります。

・順次
・条件分岐
・反復（繰り返し）

細かいバリエーションはいろいろありますが、基本はこの３つになります。さまざまな処理もこの基本の形をもとに書くことができます。意外にシンプルな構造になっているものなのです。

順番に処理する「順次」

「**順次**」は、プログラム中の命令を順番に処理していく構造のことをいいます。コードに記述された処理を1つずつ順番に処理していく構造です。

順番に処理する。単純なことのようですが、コンピュータではこうした命令を順番に実行していくことが処理の基本です。Ｊａｖａもこうしたプログラムの基本を備えています。

一般的には図４－３（左）のように処理１↓処理２↓処理３と順番に行うことになるでしょう。

たとえばプログラム中でロボットを動かしていく場合には「進む」という処理を順番に行うことになります。図４－３（右）のように進む処理を順番に行っていくのです。

条件が成り立つかによって処理を変える「条件分岐」

次に「**条件分岐**」という構造を紹介しましょう。

「条件分岐」とは、与えられた条件によって処理を変える構造をいいます。

ＡであればＢをする

という構造です。次ページの図４－４左をみてください。この構造では条件が成り立つ場合に処理をします。たとえばロボット

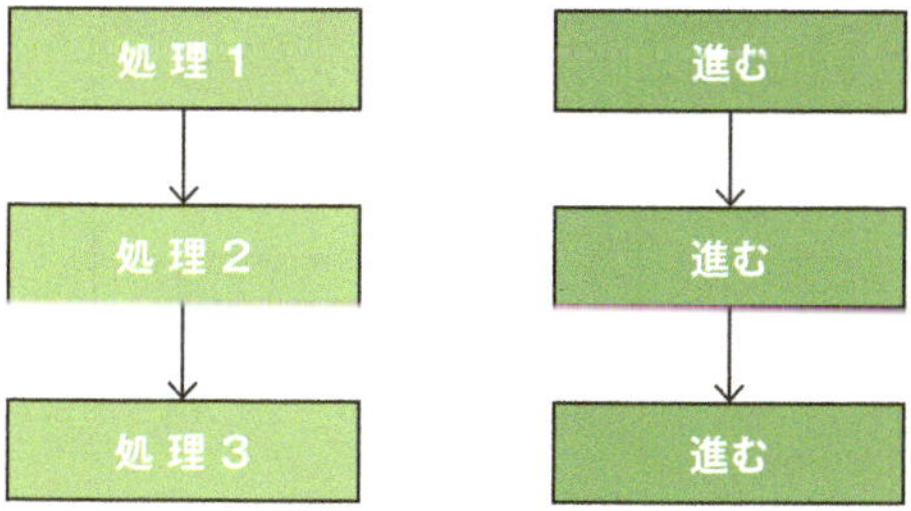

図4-3　順次

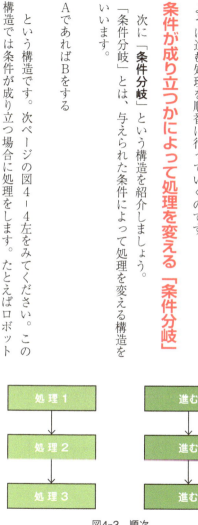

の処理であれば図4－4右のように、
「壁に当たったら……方向を変える」
「出口まできたら……作業を終了する」
などの処理を行うわけです。状況を判断した上で行う処理を記述することができます。

カズマ：ゲームのようなプログラムを作るとしたら、得点が1000点を超えたときに「おめでとう！」を表示するってところでしょうか……？

健一：いろいろな場面で使えそうだね。条件分岐を書けるようになるために、条件の書き方について知っておこう。

条件分岐で使われる条件には、さまざまな書き方があります。たとえば、==は「aとbが等しい場合」という条件を作るときに使います。1つの=ではないので注意しま

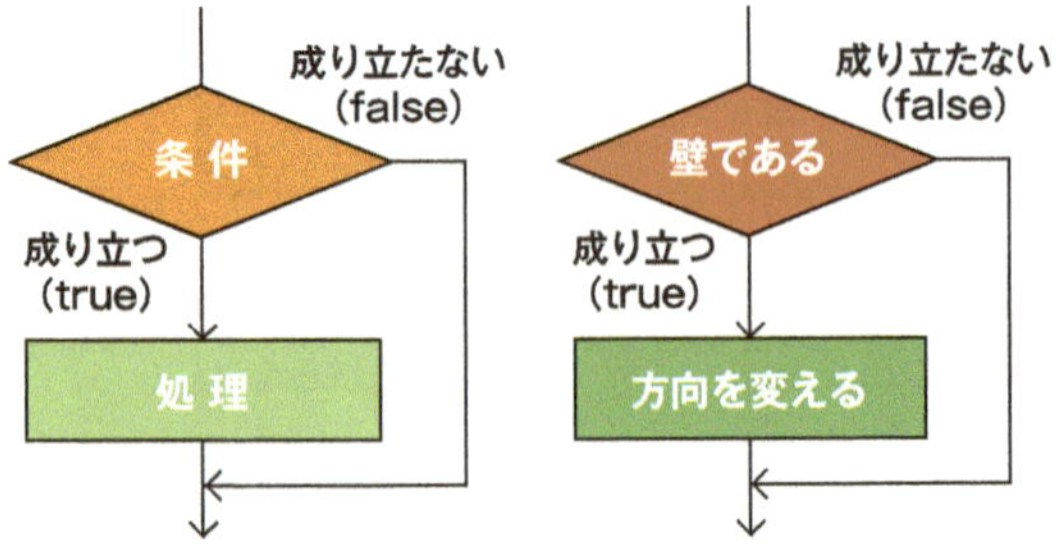

図4-4　条件分岐

しょう。ほかにも不等号などを使った表4－1のような条件がよく使われます。なお、Javaでは条件が成り立つ場合にはtrue、成り立たない場合はfalse、としてあらわされます。

あかり：条件分岐するプログラムが書ければ、ロボットが判断して方向を変えるような処理ができるのね。まるで人間が判断するみたいに作業するプログラムが書けそう。

健一：条件分岐にはいろいろな構文があるんだ。

「もし〜であったら……」をあらわすif文

Javaで条件分岐を記述するには、次ページの表4－2のような構文などが使われます。まず**if文**を紹介しましょう。

ifは「もし」の意味です。たとえば「もし壁であったら方向を変える」という処理を書くことができます。if文では一定の条件が成り立つ場合に行う処理を記述できます。条件が成り立たない場合には処理は行われません。

より複雑な処理では、**if～else文**を使うことができます。elseは「そうでなかったら」の意味です。条件が成り立つ場合の処理だけで

条件	内容
a == b	aがbのとき
a != b	aがbでないとき
a>b	aがbより大きいとき
a>=b	aがb以上のとき
a<b	aがbより小さいとき
a<=b	aがb以下のとき

表4-1　よく使われる条件

処理の流れ

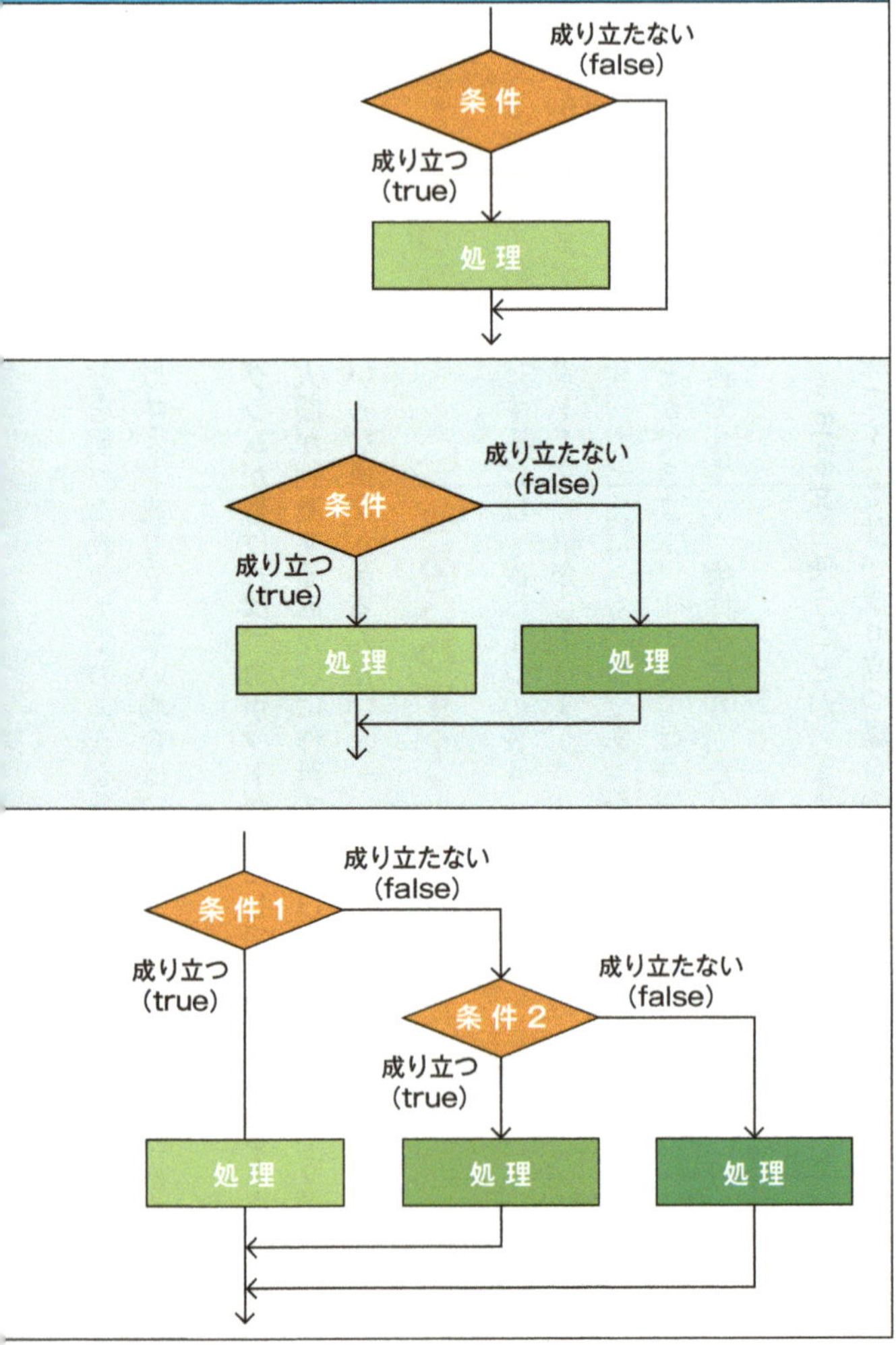

成り立たない
(false)
条件
成り立つ
(true)
処理
成り立たない
(false)
条件
成り立つ
(true)
処理
処理
成り立たない
(false)
条件1
成り立つ
(true)
成り立たない
(false)
条件2
成り立つ
(true)
処理
処理
処理

なく、条件が成り立たなかった場合の処理も記述することができます。たとえば「もし壁であったら方向を変え、そうでなかったら前に進む」という処理などを書くことができます。

さらに**if～else if～else文**を使うと、いくつもの条件を判断することができます。たとえばロボットの処理の場合、「出口であったら作業完了を報告し、そうでなく壁であったら方向を変え、さらにそうでなかったら前に進む」などという複雑な処理を作ることができます。

種類	構文	

if文	if(条件){
	　//条件が成り立つときの処理
	}	

if～else文	if(条件){
	　//条件が成り立つときの処理
	}
	else{
	　//成り立たないときの処理
	}	

if～else if～else文	if(条件1){
	　//条件が成り立つときの処理
	}
	else if(条件2){
	　//条件2が成り立つときの処理
	}
	else{
	　//すべて成り立たないときの処理
	}	

表4-2　条件分岐(if文)

このプログラムでは壁である（wall == true）場合に「壁なので向きを変えます。」そうでない場合に「前に進みます。」と表示するようにしています。

ここでは6行目で壁かどうかをあらわす変数wallにtrueを設定して壁であることを指定しています。このため、画面には方向転換することが表示されます。

したがって、同じコードでも「壁でない」と設定しておくと、結果が異なります。6行目を次のように変更して確かめてみましょう。

●コード2（他の部分は同じ）

```
・・・
        wall = false;
・・・
```

壁でないことを設定しておきます

●実行結果2

```
前に進みます。
```

今度は結果が違っていることがわかります。

ここではプログラムをかんたんにするため、画面に方向転換のメッセージを表示するようにしていますが、実際にロボットの動きを処理するプログラムにおいても、こうした条件分岐のプログラムを応用することができるでしょう。

やってみよう

条件分岐

条件分岐するプログラムを入力してみましょう。このプログラムは変数wallに壁であるかどうかを記憶しておき、向きを変える処理を行います。

●コード1（Sample4.java）

```
class Sample4
{
    public static void main(String[] args)
    {
        boolean wall;
        wall = true;
        if(wall == true){
            System.out.println("壁なので向きを変えます。");
        }
        else{
            System.out.println("前に進みます。");
        }
    }
}
```

壁であることを記憶する変数です

壁であることを設定しておきます

●実行結果1

壁なので向きを変えます。

値によって分岐することもできるswitch文

条件分岐について、もう少し紹介していきましょう。表4－3をみてください。

switch文は、条件分岐の一種です。ただしswitch文では条件のかわりに値を指定して、その値に応じた処理を記述することができます。

たとえば変数の値が1、2、3の場合に応じた処理などを行うことができるのです。各値の処理はbreak文までとなります。break文を忘れないように注意してください。

なお当てはまる値がない場合には、defaultのあとの処理が行われます。

繰り返しを行う「反復」

条件分岐について理解できたでしょうか。次に3つの

種類	構文	処理の流れ

switch 文	switch(変数){
	case 値1:
	値1 のときの処理;
	break;
	case 値2:
	値2 のときの処理;
	break;
	・・・
	default:
	それ以外の処理;
	}
		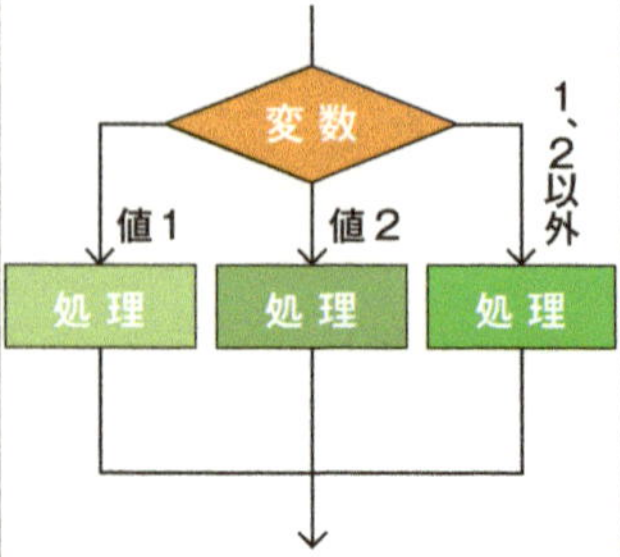

表4-3　switch文

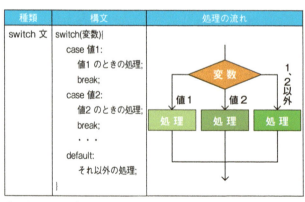

構造の最後として「**反復**」を紹介しましょう。

「反復」は与えられた条件が成り立つ間、決められた処理を繰り返す構造をいいます。反復構造は、次のような形をしています。

Aである限りはBをする

反復では、ある条件Aを判断し、その条件が成り立つ限りBの処理を繰り返すのです。一般的には図4-5左のように処理を行います。

たとえばロボットの作業の場合であれば、図4-5右のように、フロア内に荷物が残っている限りは荷物を運ぶ作業を続ける、などという処理を行うわけです。

カズマ：たとえばゲームなら、「ステージに敵が残っている限りはゲームのステージを続ける」ってい

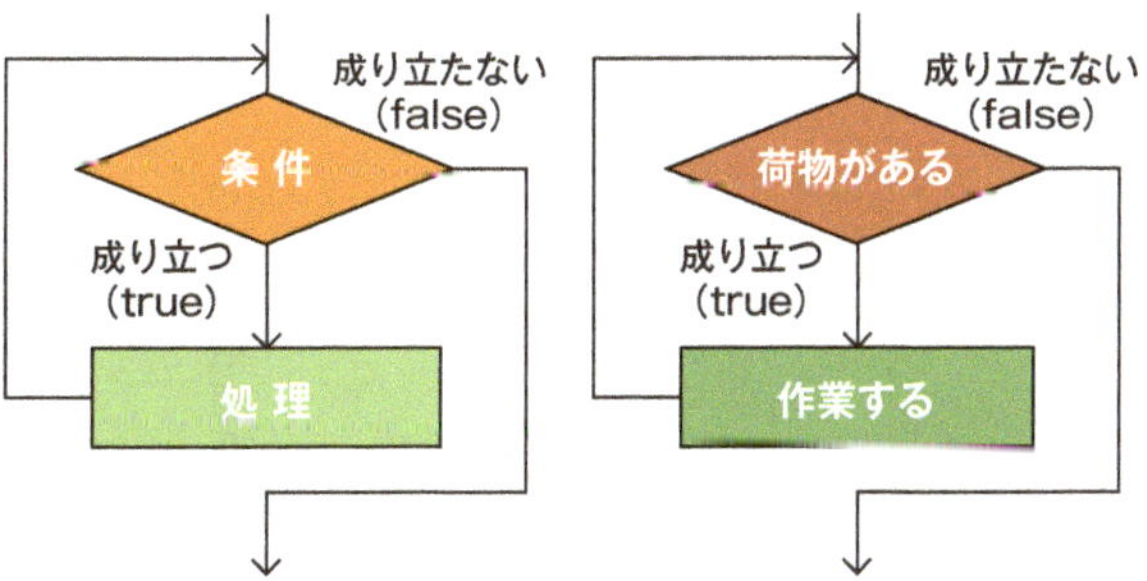

図4-5　反復

うのはどうかな。

健一：コンピュータはどんなに何度も同じことを繰り返しても辛抱強くやってくれる。とても人間には処理できないような繰り返しができるんだ。

あかり：繰り返す回数が100回でも200回でもいいわけね。さすが。反復構造を使いこなして、プログラムの威力を引き出せるようになりたいわ。

カズマ：なんだかいろんなことができそうな気がしてきたよ。

回数をカウントする場合によく使うfor文

反復構造にもさまざまな構文があります。

for文は①初期化・②継続条件・③終了処理を指定して繰り返しを行うものです。たとえば表4－4のfor文の場合、

最初に①の処理を行い、繰り返し処理を続けるかどうかを②の条件で判断し、繰り返し処理の最後に③の処

理を行って②に戻る。

というものとなっています。

次ページの図4－6がその例です。このコードでは、

①変数iを0とし、
②iが10より小さければブロック内を実行し、
③iを1つ増やして（インクリメントする）②に戻る。

という手順で繰り返しを続けます。③ではカウント処理などを行うことが普通です。ここでは変数iが繰り返しのた

種類	構文	処理の流れ

for文	for(①初期化; ②継続条件; ③終了処理){
	　//反復処理
	}
		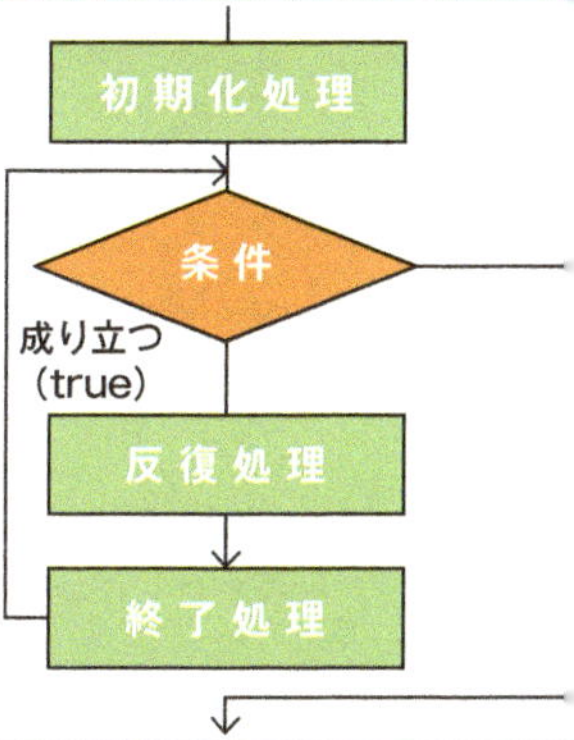

for文(配列の処理)	for(型 変数:配列変数){
	　//反復処理
	}
		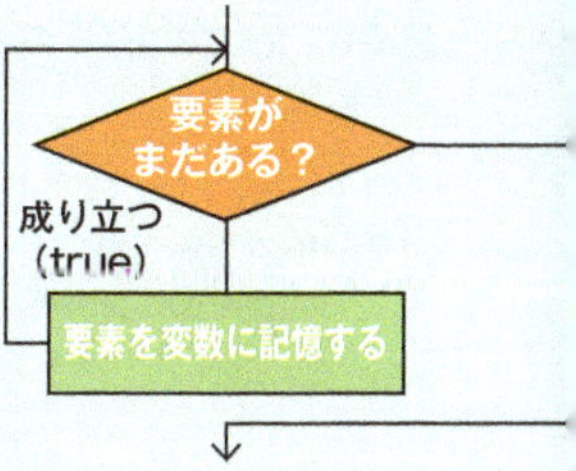

表4-4　反復(for文)

びに1つずつ繰り上げられるので、10回で反復処理が終了するのです。

健一：それじゃ、たとえば図4−7のようなｆｏｒ文の場合はどうだろうか？

カズマ：あれっ？　今度はどうなるだろう？　えーと。

あかり：私わかるわ。ｉを10にして、1つずつ減らしていく。0より大きい間繰り返しを続ける。だから、今度も全部で10回繰り返す。

カズマ：そうか……またあかりちゃんに先をこされちゃった。

健一：あかりも、なかなかやるなあ。

カズマ：あれっ、でもちょっとまってください。同じ回数繰り返しているなら、図4−6のｆｏｒ文と何が違うんですか？

健一：10回繰り返すことは同じだ。でも、ｆｏｒ文

```
for(int i=0; i<10; i++){
    System.out.println(i + "です。");
}
```

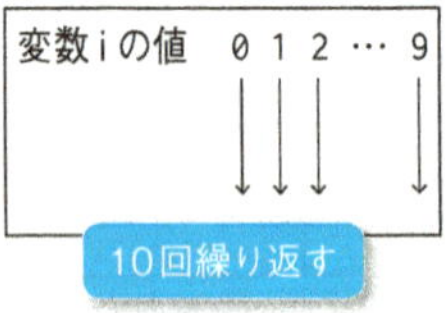

図4-6　for文の例（その１）

```
for(int i=10; i>0; i--){
    System.out.println(i + "です。");
}
```

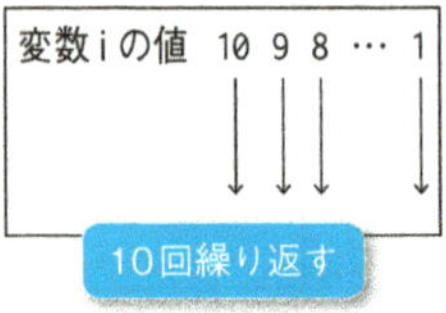

図4-7　for文の例（その２）

　　ではこの変数iをブロックの中で利用できるんだ。

カズマ：あっ……そうか。ブロックの中で変数の値を使うことができるのか。それじゃあ最初のfor文は「0です、1です、2です……」あとのfor文は「10です、9です、8です……」って表示されるんですね。

健一：カズマくんも、やるじゃないか。

　for文は、このようにカウントしながら処理を行う場合によく使われます。

また、for文には85ページの表4-4下段のように、繰り返すたびに配列の要素を1つずつ変数に取り出すことができる構文もあります。配列は、3章で紹介したようにデータをまとめて記憶するしくみです。繰り返し文で、配列を順番に取り出すことができると便利なのです。

回数を指定しない場合によく使うwhile文

　もう1つ、繰り返しを行うための処理を紹介しましょう。**while文**は条件が満たされている間、ブロック内の繰り返しを行う構造です。たとえば次ページの図4-8は、変数iが10未満である場合に繰り返しを続けます。

do～while文もwhile文と同様に繰り返しを行いますが、while文では最初に条件を判断して

種類	構文	処理の流れ

while文	while(条件){
	　//反復処理
	}
		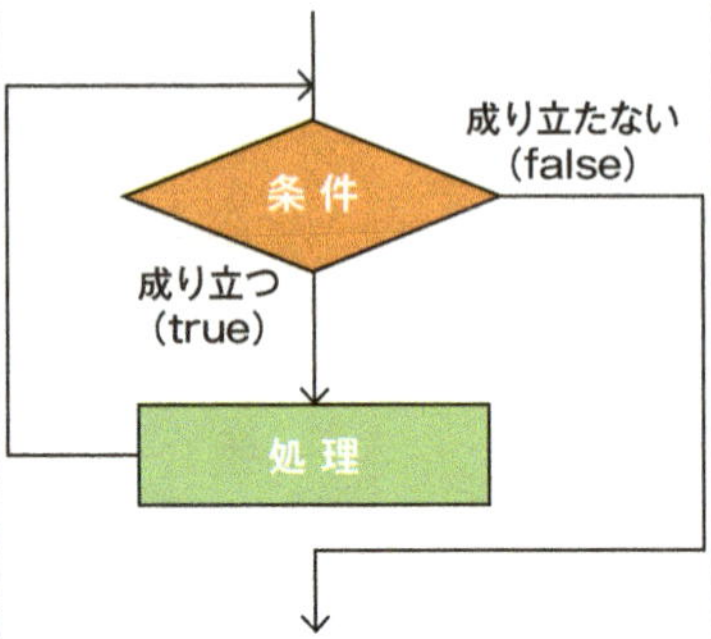

do～
while 文
	do{
	　//反復処理
	}while(条件)
		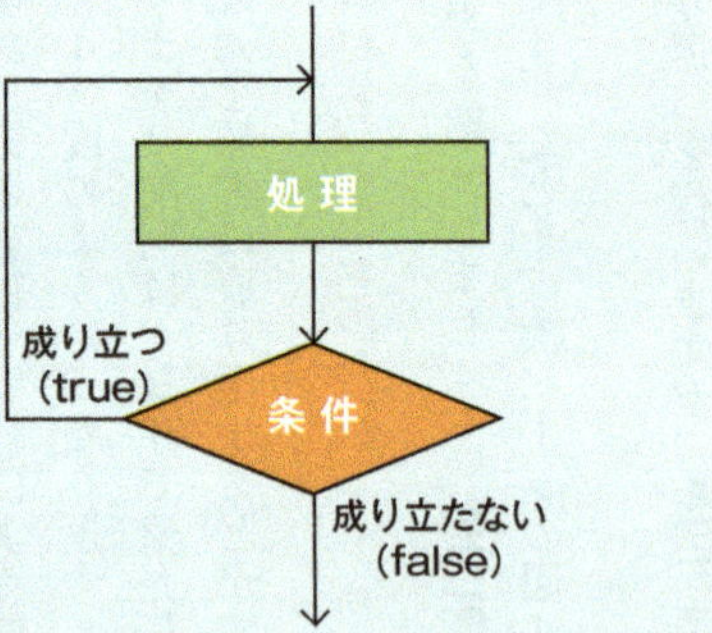

表4-5　反復(while 文)

```
while(i<10){
    //反復処理
    i++;
}
```

iが10より小さい間……

繰り返します

図4-8　while文の例(その1)

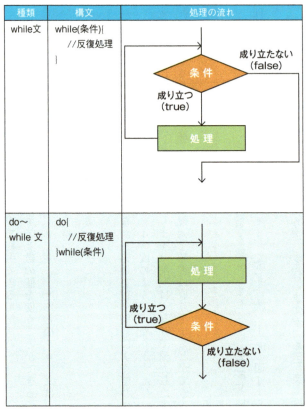

繰り返しが行われるのに対し、do ~ while文では処理の最後に条件を判断します。同じ条件と処理を行うならば、while文よりもdo ~ while文のほうが1回多く反復処理が行われます。これらの特徴を利用して、さまざまな反復構造を考えることができます。

健一：図4-9の場合はどうなるだろうか。

あかり：これは条件がtrueだから、条件が成り立っていることになるのね。でも、ずっと条件が成り立つなら、いつまでも繰り返し続けてしまう気がするけれど……。

健一：このような書き方は、たとえばゲームなどでユーザーが操作を入力してくるまで待ち続けたり、ゲームの対戦相手がやってくるまで待つような作業には特に重要なんだ。

カズマ：でもずっと繰り返すなんて、コンピュータは大丈夫なんですか。繰り返し続けたら、他の処理が何もできなくなってしまいそうだ。

健一：一般的には繰り返しの処理の中で、条件に合致したときに脱出する処理を書くようになっているよ。ユーザーが接続してきたり時

```
while(true){
    //反復処理
    if(i<10) break;
}
```

ずっと繰り返されるための条件です

脱出します

図4-9　while文の例（その2）

やってみよう

反復

反復構造を使って、繰り返し処理を行ってみましょう。このプログラムでは初めに変数iを1とし、10まで1つずつ大きくしています。このため1歩目、2歩目……と繰り返し、10歩目まで進むようになっています。

●コード(Sample5.java)

```
class Sample5
{
    public static void main(String[] args)
    {
        for(int i=1; i<=10; i++){
            System.out.println(i + "歩目を進みました。");
        }
        System.out.println("ゴール！");
    }
}
```

●実行結果

```
1歩目を進みました。
2歩目を進みました。
3歩目を進みました。
4歩目を進みました。
5歩目を進みました。
6歩目を進みました。
7歩目を進みました。
8歩目を進みました。
9歩目を進みました。
10歩目を進みました。
ゴール！
```

間切れになったりすることを繰り返しの途中で判断して、脱出する処理を記述しておくことになるだろう。

Ｊａｖａでは、繰り返しの途中で繰り返しをやめるしくみも用意されています。break文を記述すると、繰り返しの構造から脱出することができます。またcontinue文を使うと、その回の繰り返しを終了して次の繰り返しの回へとうつります。

基本構造を組み合わせることができる

順次、条件分岐、反復。いろいろなＪａｖａの構文を紹介してきました。プログラムを作る際には、これらの構造を組み合わせて複雑な処理を考えていくことになります。

たとえば20行×30列のタイルが貼られたフロアで、ロボットが作業するとしましょう。このフロアの作業は2つの反復構造を入れ子にすれば処理することができます。20行の処理をする中に30列の処理を入れることで、20行×30列の処理ができるのです。構文を入れ子にする場合は内側のブロックの中のコードの先頭をさらに下げて、ブロックが二重になっていることがよくわかるように書くことが普通です。さまざまな処理手順について、条件分岐構造や反復構造を使ってプログラムを書いていくことになるでしょう。

とりわけ、「データを探す」、「データを並べ替える」などといった処理は、どのようなプログラムでもよく行われる処理となっています。こうしたプログラムで行われる定型的な処理については基本的な手順がいくつか知られています。これらの手順は「**アルゴリズム**」という名前で呼ばれることがあります。

アルゴリズムというと随分高度なプログラミング手法のように思えるかもしれません。しかしＪａｖａでは2章でも紹介したライブラリの中に、典型的なアルゴリズムが用意されています。このライブラリを利用すれば、くわしい手順を知る必要も

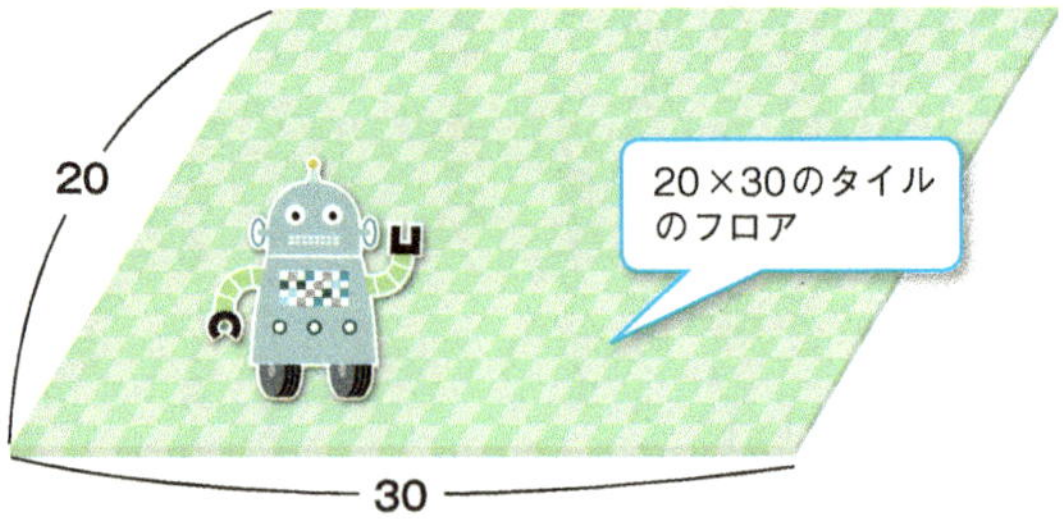

図4-10　フロアでの作業を考える

```
for(int i=0; i<20; i++){
    for(int j=0; j<30; j++){
        System.out.println(tile[i][j] );
    }
    System.out.println("¥n");
}
```

繰り返しを入れ子にして処理する

図4-11　for文を組み合わせる

なくプログラミングに熟達することができるようになっています。ただし複雑なプログラムを書いていく場合には、アルゴリズムの知識も大切になります。Ｊａｖａに慣れてきたらアルゴリズムの勉強もしていくとよいでしょう。

健一：さて、この章では処理の構造について学んできたね。

カズマ：ロボットの動きやその処理について考えることもできましたね。

あかり：条件によって処理を変えたり、繰り返し処理をする方法を勉強したのよね。

健一：Ｊａｖａのプログラムの書き方についていろいろ勉強してきたね。前の章では変数や配列についても勉強した。次の章ではこうしたしくみをクラスにまとめていくよ。

4章のまとめ

・処理の基本構造には、順次・条件分岐・反復があります。

・順次は、処理を順番に行います。

・条件分岐を行うには、if文、if~else文、if~else if~else文を使うことができます。

・値で処理を分岐するには、switch文を使うことができます。

・繰り返し反復する構造には、for文、while文、do~while文があります。

5章

Javaのクラスをまとめる

3章と4章では、データの記憶方法や処理の構造といったしくみを紹介しました。Javaではこうしたデータや処理をクラスにまとめ、プログラムの中でよい部品となるように設計していきます。クラスについては2章でも少し紹介しています。この章ではクラスの基本についてみていくことにしましょう。

オブジェクト指向を実現する「クラス」

健一：それじゃあ、これからいよいよ「クラス」についてくわしくみていこうか。これまでにもさまざまなことを学んできたね。

あかり：3章では変数や配列、演算子を学んだわね。データを記憶して操作することができたわ。

カズマ：4章では処理の構造についても学んだ。基本の構文を組み合わせてプログラムを考えていくんだよね。

健一：これまで紹介してきたしくみは、古くから使われてきたプログラミング言語でも使われてきたんだ。だけど、Ｊａｖａで使えるのはこうした従来から考えられてきたしくみだけじゃない。Ｊａｖａにはより新しいプログラミングのためのしくみが取り入れられている。これがオブジェクト指向なんだ。

あかり：オブジェクト指向は2章でも少し学んだわね。

カズマ：オブジェクト指向はモノに着目してプログラムを考える手法だったよね。

健一：そうだね。そうしたオブジェクト指向を実現するものが「クラス」なんだ。これから実際に学んでいこう。

Ｊａｖａは、オブジェクト指向が取り入れられたプログラミング言語です。オブジェクト指向ではモノに着目してプログラムを考えていくことになります。

2章ではクラスからオブジェクトを作成する方法を学びました。Ｊａｖａでは、こうしたクラスなどのしくみによってオブジェクト指向を実現していきます。

Ｊａｖａでは、現実世界のモノなどに着目するところからクラスの内容を考えていきます。たとえば、ネットショッピングのサイトなどでは商品の精算を行うカートに着目してクラスを考えることができるかもしれません。

このためには3章で紹介したような変数や配列にカートに関するデータを、4章で紹介したような処理をカートに関する機能としてまとめていくことになります。この章では、こうしたクラスの基本的なしくみについてみていくことにしましょう。

データと機能をあらわす「メンバ」

クラスにはモノのデータや機能をまとめていきます。データを記憶するための変数や配列などを**フィールド**と呼びます。機能をまとめたものは**メソッド**と呼びます。次ページの図5‐1はクラスの中にフィールドとメソッドをまとめたものです。

①のように変数などを宣言してフィールドを用意することを、フィールドの宣言といいます。

```
class クラス名
{
    型 変数;
    ・・・
    型 メソッド名(引数)
    {
        処理;
        ・・・
    }
}
```

①フィールドです
②メソッドです

図5-1　クラス

```
class Cart
{
    int p1;
    int p2;
    int sum;

    void calc()
    {
        //計算する処理
        ・・・
    }
}
```

①フィールドです
②メソッドです

図5-2　カートのクラスを考える

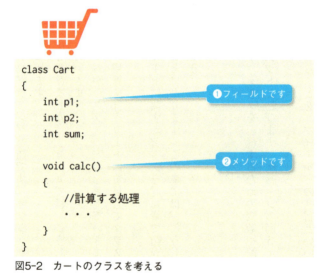

3章などこれまでの章で紹介した変数はmainに続く{}の中に書いていましたが、フィールドの宣言は通常、クラスの名前の直後に書くことになります。メソッドの処理は、②のようにメソッド名に続く{}の中に記述します。フィールドとメソッドは、そのクラスの**メンバ**と呼ばれています。

次に図5-2をみてください。ショッピングサイトのカートに着目してデータと機能を記述しているところです。Cartというクラスにモノに関するデータと機能をまとめています。Cartはクラス名ですから、これまでの章でも紹介してきたように、自分でつけることができます。カート中の商品のデータを記憶するために変数p1、p2、合計額のデータを記憶するために変数sumを用意して、フィールドとしました（①）。

また商品の合計額を求める機能をメソッドとしてまとめることができます。ここでは、calcという名前のメソッドをまとめることができます（②）。このcalcという名前も自分でつけることができます。Ｊａｖａでは、こうしたクラスとそのメンバを考えることでプログラムを作成していくのです。

あかり：データをフィールドに、機能をメソッドにまとめたのね。
カズマ：カートクラスとそのメンバを設計したんだね。

●コード(Sample6.java)

```
class Sample6
{
    public static void main(String[] args)
    {
        Cart c = new Cart();
        c.calc();

    }
}
```

❸カートクラスのオブジェクトを作成します

❹カートクラスの機能を利用します

●実行方法

Cart.java、Sample6.javaの2つを同じフォルダに置き、Sample6.javaをコンパイルします。

```
javac Sample6.java↵
```

するとCart.classとSample6.classが作成されます。Sample6を実行してください。

```
java Sample6↵
```

●実行結果

```
カートの商品1は100円
カートの商品2は200円
カートの合計は300円です。
```

カート内の商品の合計を計算することができました。

やってみよう

クラスの設計

カートクラスを設計してみましょう。カートをプログラムの部品のように設計することができます。カートクラスを記述した次のコードを、Cart.javaに入力して保存しましょう。

●コード(Cart.java)

```
class Cart
{
    int p1;
    int p2;
    int sum;

    void calc()
    {
        p1 = 100;
        p2 = 200;
        sum = p1 + p2;
        System.out.println("カートの商品1は" + p1 + "円");
        System.out.println("カートの商品2は" + p2 + "円");
        System.out.println("カートの合計は"+ sum + "円です。");
    }
}
```

①フィールドです

②メソッドです

部品ができたら、利用することができます。カートクラスのオブジェクトを作成して利用しましょう。Sample6.javaというファイルに、次のコードを入力して保存します。

クラスを部品として設計する

前ページの「やってみよう」ではフィールド（①）とメソッド（②）を指定して、カートクラス（Cartクラス）を設計しました。こうして設計したカートクラスのオブジェクトを作成して部品を利用することができます。

「やってみよう」では、③の部分で、オブジェクトを作成しています。オブジェクトを作成するためにはnewという指定をします。オブジェクトを作成する方法は2章でも紹介しましたが、ここでもう一度確認しておきましょう。

オブジェクトはクラスを型とする変数に記憶して取り扱うことになります。ここではCartクラスを型とする変数cがオブジェクトをあらわすことになります。

オブジェクトを作成したら、その機能を利用することができます。④の部分では、カートクラスの機能を使っています。このためには、オブジェクトをあらわす変数にピリオドをはさんでメソッド名を指定します。こうしてカートの「合計額を計算する」という機能を利用することができるのです。これでカートという部品を設計して利用することができました。

なお、この「やってみよう」では、カートをあらわすクラス（Cartクラス）を、カートを利用するクラス（Sample6クラス）とは別のファイルに保存しています。CartクラスはCart.java

に、Sample6クラスはSample6.javaに保存しています。

このように各クラスのファイルは分割することができます。ファイルを分割することで、クラスを設計することと、クラスを利用することを別に行うことができます。独立したプログラムの部品を作ることができたわけです。

こうして大規模なプログラムであっても、ファイルを分割し、作業を分担しつつプログラムを開発していくことができるようになっているのです。

カズマ：カートを部品として作ることができましたね。金額の計算もできました！

あかり：ファイルを分割すれば、部品を設計する作業も分担できるのね。

部品の機能を考えて利用していく

さらに別のクラスについても考えていきましょう。今度は工場や店舗で稼働するロボットの処理について考えてみます。

次ページの図5-3では、ロボットが動く機能についての処理を考えています。

このクラスの名前はRobotとしています（①）。moveがロボットを動かすためのメソッドとなっています。moveのあとに{}で続くブロックの内部に動くための処理をまとめています（②）。

```
class Robot
{
    . . .
    void move()
    {
        . . .
        if(wall == true)
            System.out.println("壁なので向きを変えます。");
        else
            System.out.println("前に進みます。");
    }
}
```


図5-3　ロボットの機能としてメソッドの処理内容を考える

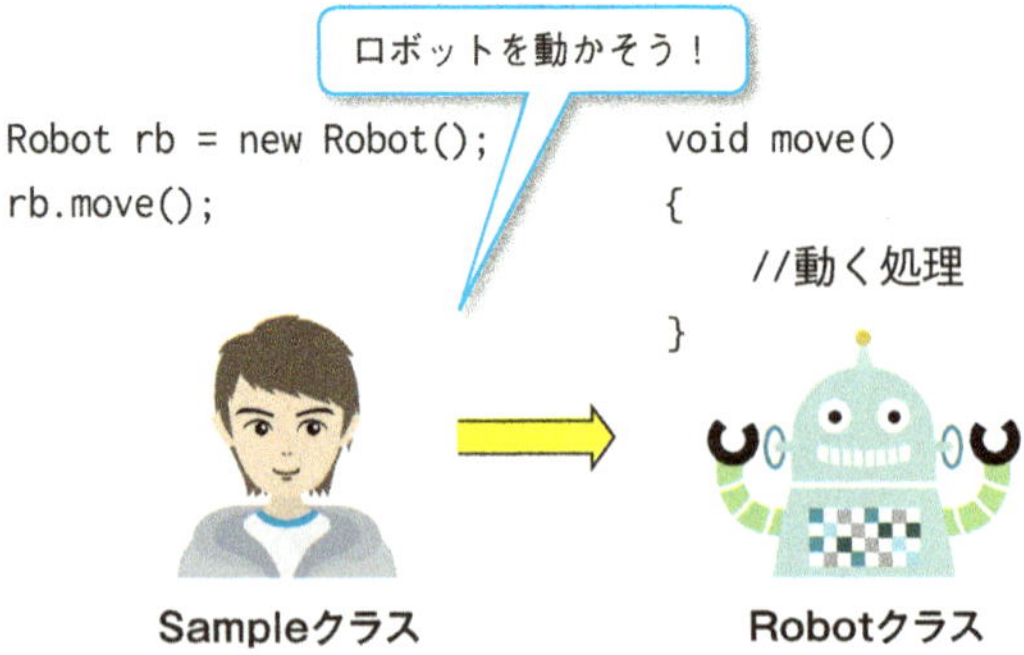

図5-4　ロボットを作成して機能を利用していく

メソッドの中の処理は順番に行われます。4章で紹介した条件分岐や反復を使っていくこともできます。図5－3では壁であるかによって向きを変えるか、進むかを変える処理を行っています（③）。このロボットクラスのオブジェクトを作成して利用すれば、ロボットの「動く（move）」という機能を利用して、「ロボットを動かす」という操作ができるようになるでしょう。

このRobotクラスのオブジェクトを作成してその機能をSampleクラスというクラスから利用するのだとすれば、図5－4のようにそれぞれのクラスの中でコードを記述することになります。Sampleクラスをカズマくんだとすれば、カズマくんの側からロボットを操作するようにロボットの機能を利用することができるのです。

あかり：ロボットの機能として、メソッドの処理内容を考えていくのね。

健一：ロボットクラスのオブジェクトを作成することで、そのメソッドの機能を利用することができるようになるんだ。

カズマ：ロボットを動かすことができるようになるんですね。

きめ細かい処理を行うメソッドを作るには

このように、クラスのメソッドの処理内容を考えていくことで、さまざまな部品の機能を作り上げていくことができそうです。そこで今度はメソッドについて、もう少しくわしくみていくことにしましょう。

オブジェクトを作成してメソッドを利用していく際には、利用する側との間で情報を受け渡しできると便利なことがあります。たとえばロボットのようなオブジェクトを作成して利用する際に、ロボットを動かす歩数を指定したり、正しく動いたかどうかという結果をロボットから受け取ったりすることができれば便利でしょう。メソッドでは、こうして利用する側との間で情報を受け渡しするしくみを作ることができるようになっています。

利用する側からメソッドに渡す情報を**引数**といいます。メソッドから利用側に返す情報を**戻り値**といいます。

メソッドに情報を渡すための「引数」

引数は利用する側からメソッドに渡す情報です。たとえばロボットを動かすときに、歩数を情報として指定するようにしておくことができます。3歩歩くときは3を渡し、10歩歩くときは10を渡すようにするのです。より高機能なメソッドを作ることができます。

引数を使うには、メソッド名のあとの()に型とその変数を示しておきます(図5－5①)。

メソッドを利用するときにはその型の値を情報として渡します(図5－5②)。

すると渡した情報が()内の変数に記憶されてメソッドの処理の中で利用できるようになります。

受け取る変数を**仮引数**、渡す情報を**実引数**とも呼びます。図5－5の場合はwが仮引数、3が実引数となっています。

メソッドから情報を返すための「戻り値」

一方、戻り値は利用されるメソッドの側から結果を情報として返すものです。

たとえばロボットが動いたか動けなかったかという結果を返すことができます。動いたときにtrueという値を戻すようにするのです。trueは3章で紹介したboolean型の値で、結果がYES（はい）やOKとなるときに返すと便利な値となっています。

このようにしておくと、利用する側では戻り値を受け取って、その値によってプログラムの処理を考

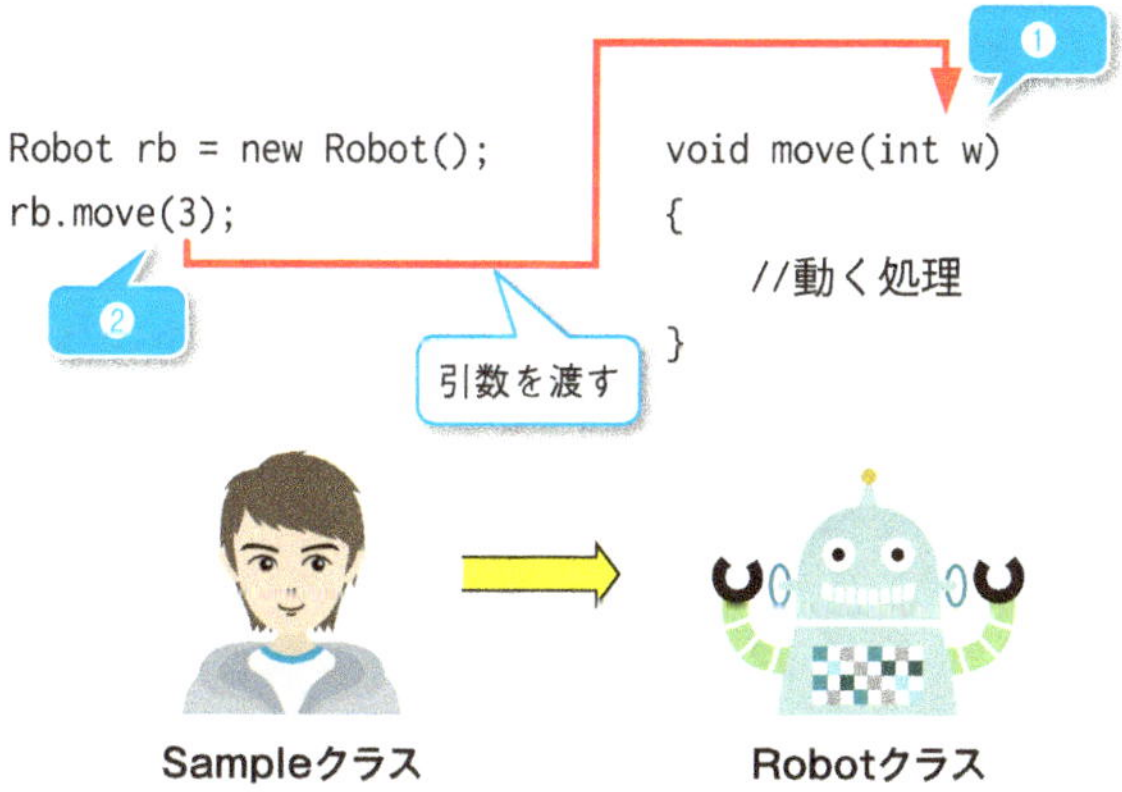

図5-5　引数で情報を渡す

えていくことができます。工夫次第でいろいろなメソッドを考えていくことができるのです。

戻り値を使うには、メソッドの先頭に型の名前を記述しておきます（図5－6③）。そして**return文**を使って値を返します（図5－6④）。すると、メソッドを利用した側では、返された情報を受け取ることができます（図5－6⑤）。たとえば図5－6の場合は戻り値であるtrueを受け取って変数brに記憶しています。

引数と戻り値の書き方

引数と戻り値の書き方は表5－1のようになっています。①～⑤は前ページの図5－5、図5－6中の番号に対応しています。

引数や戻り値を使わないメソッドもできます。引数を使わない場合、()内には何も書きません

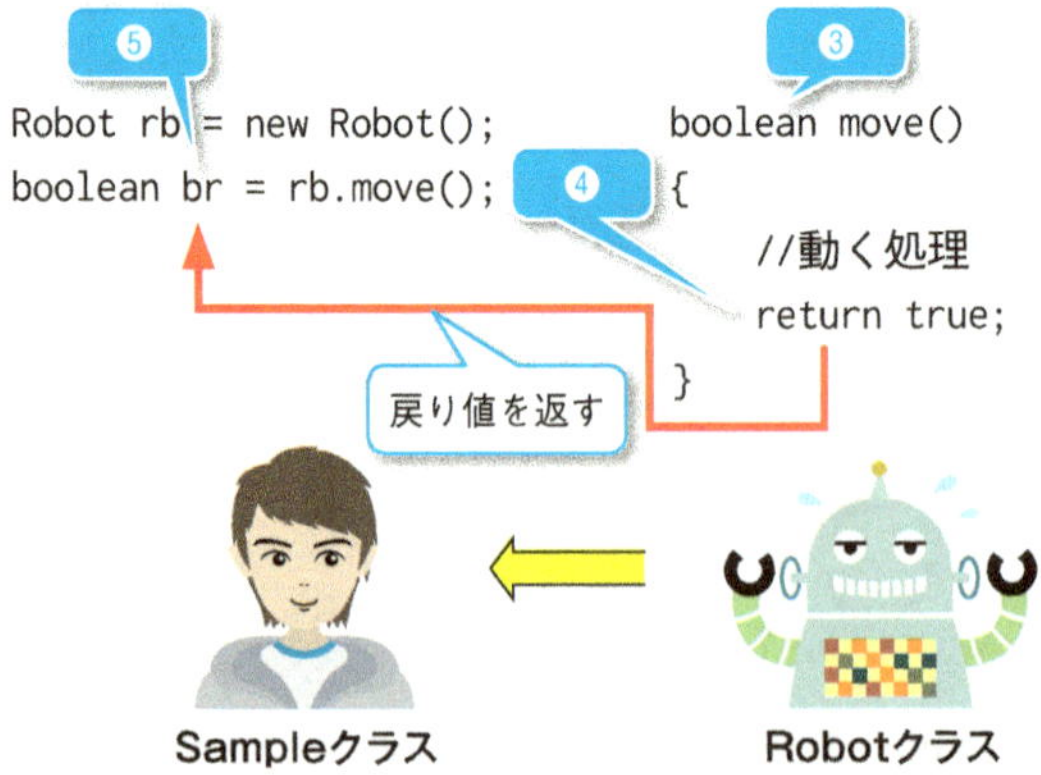

図5-6　戻り値で情報を返す

	利用するクラス	利用されるクラス
クラスの例	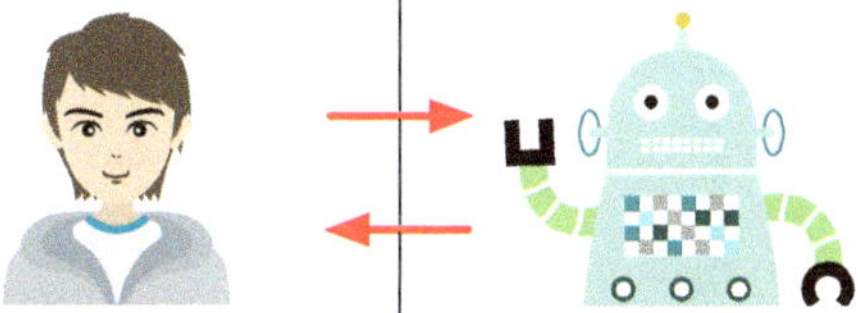 Sampleクラス	Robotクラス

引数あり	Robot rb = new Robot();
	rb.move(3);
	②
	引数を渡す
		void move(int w)
		{
		//動く処理
		}
		①

戻り値あり	Robot rb = new Robot();
	boolean br = rb.move();
	⑤
	戻り値を返す
		boolean move()
		{
		//動く処理
		return true;
		}
		③ ④

引数・戻り値なし	Robot rb = new Robot();
	rb.move();
	⑥
		void move()
		{
		//動く処理
		}
		⑦

表5-1　引数・戻り値の例

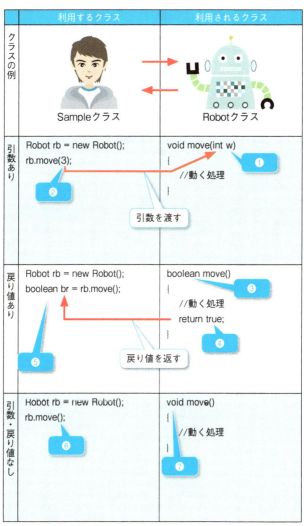

(⑥)。戻り値を使わない場合には「何もない」という意味の**void**という型を指定しておきます(⑦)。

なお引数はカンマで区切って2つ以上渡すこともできますが、戻り値は1つだけしか返せません。

オブジェクトの初期設定を行う「コンストラクタ」

次に、**コンストラクタ**というしくみを紹介しましょう。コンストラクタもメソッドと同じように処理をまとめて記述するものです。ただしコンストラクタにはオブジェクトを作成するときに最初に行う処理を記述します。

コンストラクタは、オブジェクトが作成されるときに自動的に実行される処理となっています。このため、コンストラクタでは一般的にオブジェクトの初期設定を行うことになっています。

ロボットを利用するプログラムを考える場合には、オブジェクトを作成する際にロボットの色をあらかじめ指定しておくといった処理を行うことができます。

コンストラクタはメソッドと似ていますが、メソッドと異なり戻り値をもたせず、クラス名と同じ名前をコンストラクタ名とすることになっています。コンストラクタは戻り値をもちませんが、引数はもたせることができます。引数の数が異なるコンストラクタを複数設計しておくと、利用するときに渡した引数の数に見合ったコンストラクタの処理が行われます。

たとえば、次ページの図5－7のように、引数なしのコンストラクタ（①）や、色を引数とするコンストラクタ（②）を設計しておくことができます。

このようにコンストラクタを設計しておくと、普通のロボットを作成することや（③）、色を指定したロボットを作成することができるようになります（④）。

こうして複数のコンストラクタを設計しておくことで、さまざまな状況に応じてオブジェクトの初期設定をすることができるようになっています。

あかり：ロボットクラスから、普通のロボットも、赤いロボットもどちらでも作成できるわけね。

カズマ：いろいろな初期設定ができるんだね。Ｊａｖａでプログラムを作るときには使いこなしていきたいな。

クラスで共有される「静的メンバ」

最後に**静的メンバ**というしくみについて紹介しましょう。これまでに紹介したメンバはフィールドやメソッドから成り立っていました。通常、こうした普通のメンバはオブジェクトごとに存

●コード

```
class Robot
{
    Robot()
    {
        System.out.println("ロボットを作成しました。");
    }
    Robot(String color)
    {
        System.out.println(color + "ロボットを作成しました。");
    }
}
class Sample
{
    public static void main(String[] args)
    {
        Robot rb1 = new Robot();
        Robot rb2 = new Robot("赤");
    }
}
```

❶引数なしのコンストラクタです
❷引数ありのコンストラクタです
❸指定なしでロボットを作成します
❹色を指定してロボットを作成します

●実行結果

```
ロボットを作成しました。
赤ロボットを作成しました。
```

図5-7　コンストラクタのコード

在しています。

たとえばロボットの色をフィールドとして設計するとすれば、図5-8①・②のように、白いロボット、赤いロボット……というオブジェクトごとのデータが存在しているわけです。

しかし、このしくみだけではプログラムを作成するにあたって不便なこともあります。オブジェクトの間で共有するべきデータや機能をあらわしたい場合があるからです。

たとえば図5-8③のようにロボットオブジェクトが全部で何台作成されているかを記憶する場合に、静的メンバを利用することができます。

静的メンバもフィールドやメソッドから成り立つものです。ただし静的メンバには**static**という指定をつけて宣言します。静的メンバはクラス全体で共有するデータや機能となります。

次ページの図5-9は静的メンバの事例です。図5-9

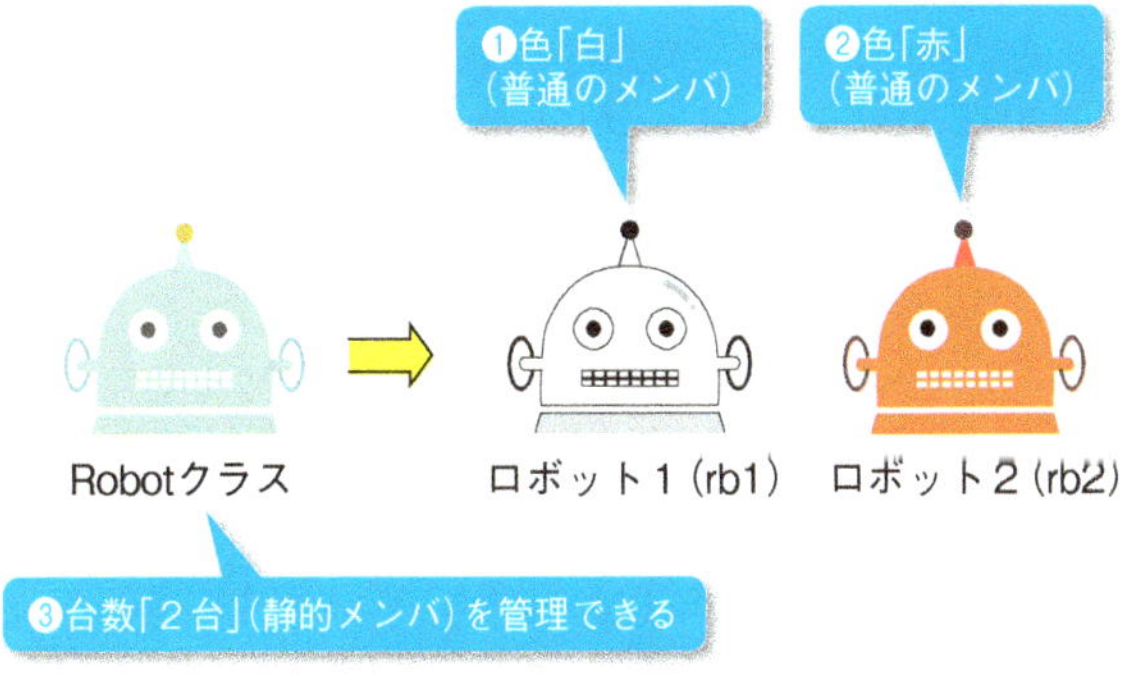

図5-8　静的メンバとは

②のように、Robotクラスの中で、countというフィールドにstaticをつけて静的メンバをあらわしています。この静的メンバはロボットの台数をあらわすものです。

こうして宣言した静的メンバを利用する場合には、クラス名にピリオドをつけて利用することになります。図5－9③では、「Robot.count」というようにクラス名にピリオドをつけてそのデータを利用しています。このように静的メンバを利用することで、作成されたロボットの台数を表示することができるようになります。

```
class Robot
{
    String color;
    static int count;
    ・・・
}
class Sample
{
    public static void main(String[] args)
    {
        Robot rb1 = new Robot("赤");
        Robot rb2 = new Robot("青");
        System.out.println(rb1.color +"ロボットです。");
        System.out.println(rb2.color +"ロボットです。");
        System.out.println(Robot.count + "台です。");
    }
}
```

❶普通のメンバです

❷静的メンバです

❸クラス名をつけて静的メンバを利用しています

図5-9　静的メンバのコード

カズマ：クラスにはいろいろなしくみがあるんですね。

あかり：しくみを使いこなして、プログラムの中で使えるクラスを設計していきたいな。

健　一：二人とも、クラスのしくみに慣れてきたかな。

カズマ：はい、カートクラスやロボットクラスとしてプログラムの部品を作ることができました。

健　一：そうだね。ただし、これまでの知識だけでは優秀な部品になるとはいえないこともあるんだ。Ｊａｖａはこのために、さらに多くのオブジェクト指向に基づくしくみを用意している。これから、そうした高度なしくみについて説明しよう。

5章のまとめ

・クラスには、フィールドとメソッドをまとめます。
・フィールドとメソッドは、メンバと呼ばれます。
・メソッドに引数として情報を渡すことができます。
・メソッドから戻り値として情報を受け取ることができます。
・コンストラクタでオブジェクトの初期設定を行うことができます。
・クラスで共有するメンバとして静的メンバを使うことができます。

6章

Javaのオブジェクト指向

Javaがプログラミング言語の主要な地位を占めてきた理由の1つに、オブジェクト指向が取り入れられている点があります。オブジェクト指向には3つの代表的な概念があります。これらの特徴は、「カプセル化」「継承」「多態性」と呼ばれています。こうした概念を中心に、オブジェクト指向を活かしたJavaのしくみについてみていきましょう。さらに高度なクラスのしくみについてもみていくことにします。

オブジェクト指向によるプログラムとは

カズマ：クラスとそのオブジェクトを使ったプログラミングに慣れてきました。ロボットを動かしたり、初期設定をしたり、ロボットの稼働台数を管理したり……僕もこれでロボットの操作をするプログラムに取り組んでいけそうな気がします。

健一：それは頼もしいね。それじゃあ、オブジェクト指向を活かしたプログラムについて、さらにくわしく説明していくことにしよう。

カズマ：そうですね。僕ももっとくわしくオブジェクト指向について学んでみたいです。

健一：よし。それじゃあまず最初に、今までに扱ったクラスをよく思い出してみよう。

この章ではJａｖａのオブジェクト指向について、さらにくわしくみていくことにしましょう。5章ではロボットクラスやカートクラスを考えてきました。プログラムの中で、カートを利用して合計額を計算したり、ロボットを動かしたりしたわけです。これらのクラスは、名前にSampleがつくクラスの中でオブジェクトを作成して利用してきました。

つまりカズマくんがSampleクラスだと考えてみると、図6-1のようにカズマくんの側から「ロボットを作成して動かす」という形でプログラムが構成されていたわけです。

　このように、これまでのプログラムではロボットクラスやカートクラスはオブジェクトとして作成され、利用される側のクラスとなっていました。

　しかし、これらのクラスは利用されるばかりとは限りません。これらのクラスのコードの中では、別のオブジェクトを作成して利用していくことになるかもしれません。たとえばロボットは新たにベルトコンベアという部品を作成して利用することになるかもしれないのです。

　このとき、プログラムは図6-2のように連携していくことになります。プログラムがロボットを動かし、ロボットが別の道具であるベルトコンベアを動かし……というように、オブジェクトが連携していくこ

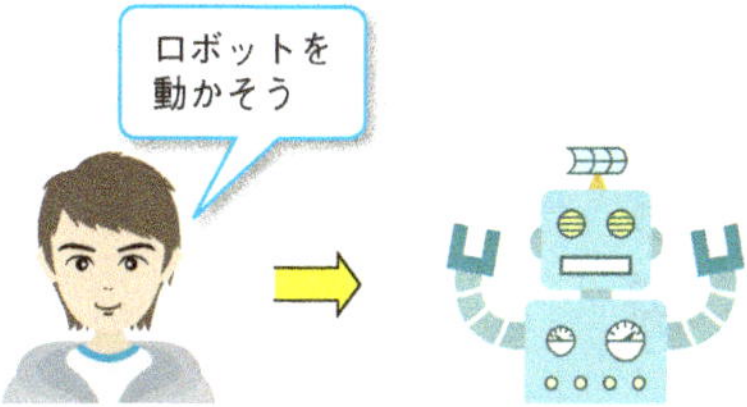

図6-1　オブジェクトを利用するプログラム

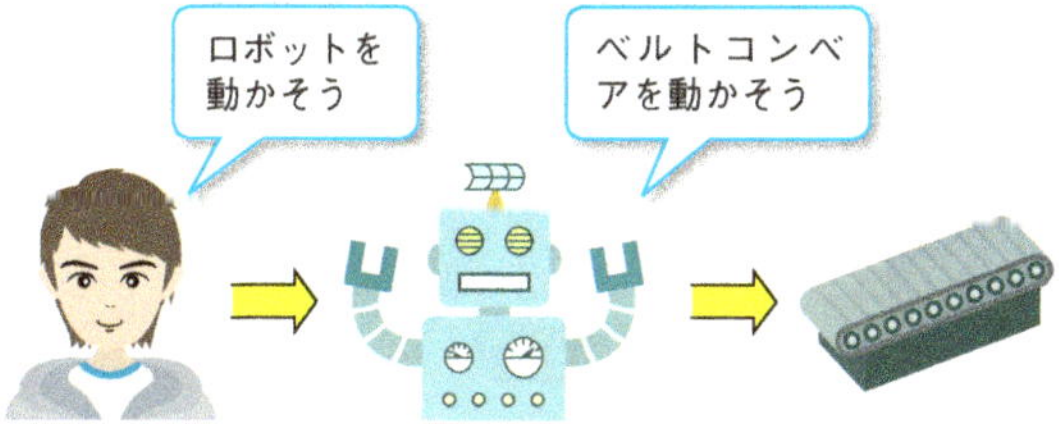

図6-2　オブジェクトが連携していく

とになるでしょう。こうしてＪａｖａではさまざまなクラスのオブジェクトが図６－３のように連携して組み合わされていくことになります。

あかり：Ｊａｖａのプログラムの中では、いろいろなクラスのオブジェクトが利用されながら動作するのね。

健一：オブジェクト指向ではモノに着目してプログラムの分割を考えている。こうして分割された部品の連携が行われることで、プログラムが構成されていくんだ。

カズマ：オブジェクトはプログラムの部品として連携していくんですね。

健一：さて、こうしたオブジェクト指向によるプログラムがうまく機能していくために、オブジェクト指向の特徴ともいえる代表的な概念が３つあるんだ。これから１つずつ説明していくことにしよう。

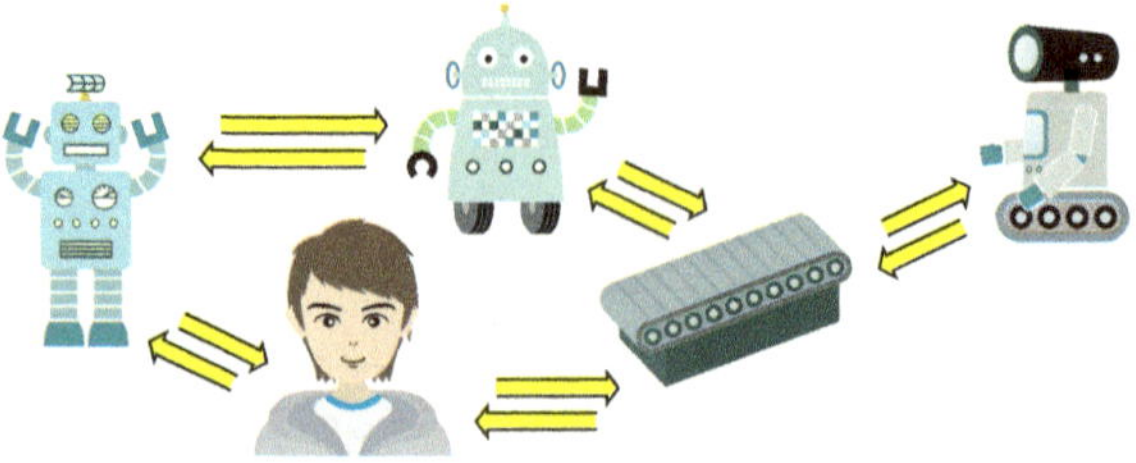

図6-3　オブジェクト指向のプログラムのイメージ

オブジェクト指向の概念・その1
安心して利用できる部品を設計していく「カプセル化」

これから、オブジェクト指向の特徴について説明していきましょう。オブジェクト指向には代表的な3つの概念があります。これらは「カプセル化」「継承」「多態性」と呼ばれています。まずはこのうち、1つ目の「カプセル化」についてみていきましょう。

たとえばカートのような部品について考えてみてください。カートクラスの合計金額が別のクラスから勝手に書き換えられるようになっている部品であったらどうでしょうか。合計金額に誤りが発生してしまう可能性がありますから、このようなカートはプログラムのよい部品となっているとはいえないでしょう。

またロボットのような部品であれば、作業位置や残りのバッテリー量などのデータが勝手に操作されてしまうような部品になっていては問題があります。このようなロボットを工場システムの部品として使った場合に工場全体がうまく稼働しなくなってしまいます。

部品を利用してプログラムを開発していくためには、安心して組み合わせていくことができるような部品として、その部品を設計できるようにしておかなければなりません。

Ｊａｖａではこのために、クラスを部品として設計しておく段階で、クラスの外部に公開する機能とそうでない機能に分けて設計することができるようになっています。別のクラスからそのクラスにどのような操作ができるのかを指定することができるようになっているのです。

たとえばカートの合計額をあらわすフィールドがある場合に、このフィールドをカートクラス以外のクラスから操作できないようにすることができます。このとき、フィールドの宣言に「private」という指定をつけます。

その一方で、カートの合計額を計算する機能自体は他のクラスに利用してもらうことが必要です。このような外部に公開したい機能については、メソッドの先頭に「public」という指定をつけることができます。

隠したいメンバを「プライベート」なものにしてクラスの外部に非公開にし、利用してもらいたい機能は「パブリック」にして公開するのです。

このようにクラスの内部でデータを保護することを、一般的に**カプセル化**と呼んでいます。カプセルのようにクラスの内部でデータ

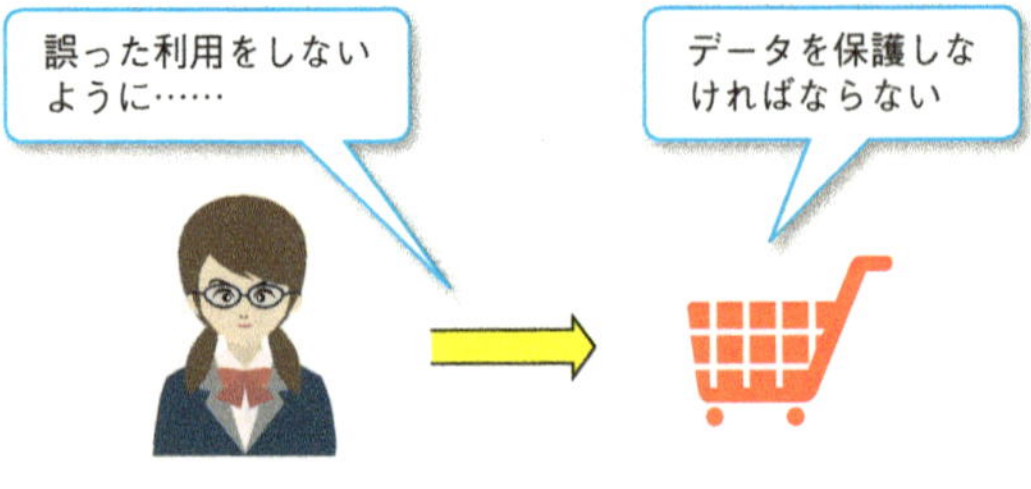

図6-4　カプセル化が必要

を保護するしくみを備えておくのです。

Ｊａｖａではカプセル化によって、問題が起こりにくく安心して利用できるクラスを設計することができるようになっています。

一般的にデータはプライベートにして保護する場合が多くなっています。図6-5ではデータをプライベートにして保護し（①）、機能をパブリックにして公開しています（②）。

カズマ：データはプライベートにすることが決まっているんですか？

健一：いや、どのようなデータを保護して、どのような機能を公開するかはクラスの設計次第だ。開発者の腕の見せどころということになるね。

カズマ：クラスを設計するには、経験を積んでいく

```
class Cart //カートクラス
{
    private int sum;

    public void calc()
    {
        . . .
    }
}
```

❶データを保護します

❷機能は公開します

図6-5　カプセル化のコードとその効果

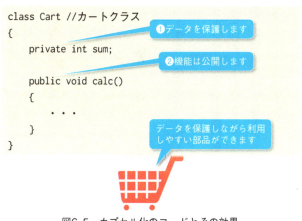

必要がありそうですね。

オブジェクト指向の概念・その2
既存のコードを活かして効率よく開発する「継承」

次にオブジェクト指向の2つ目の特徴である「継承」についてみていきましょう。

プログラムを効率よく開発していくためには、過去すでに作成してきたコードを資産として活かす必要があります。プログラムを作成するたびにゼロからプログラムを作っていくのでは効率が悪く不便でしょう。効率のよい開発を行っていくためには、既存のプログラミング資産を活かした開発を行っていく必要があるのです。

Ｊａｖａではすでに設計したクラスをもとにして、このクラスに機能を付け加えるようにコードを記述していくことができます。

たとえば新たによりパワーが大きく高速で走行したりジャンプしたりする機能をもつ「パワーロボット」という新しいロボットが使われることになったとしましょう。このような状況に対応するプログラムを開発するときに、従来のロボットに新しい機能を付け加えた「パワーロボット」クラスを設計することができるのです。図6－6のように、この新しいパワーロボットは、従来の普通のロボットの機能をすべて備えています。

このとき、もとになるクラスを**スーパークラス**、新しく設計したクラスを**サブクラス**といいます。サブクラスはスーパークラスのフィールドやメソッドを受け継ぎます。これが**継承**と呼ばれる概念です。パワーロボットの場合は普通ロボットのデータや機能を継承することになります。

継承されている機能について書かなくていいのなら、効率的にプログラムを開発できます。少ない労力でプログラムを開発できれば、開発の効率が上がることでしょう。

スーパークラスをもとにサブクラスを設計することはクラスの**拡張**と呼ばれています。拡張は、次ページの図6－7のように「extends」という指定を使って行います。

クラスを拡張するとき、スーパークラスとしてすでに記述したメンバを書く必要はありません。すでに作成したコードに付け足すように新しいコードを書いていくことができます。

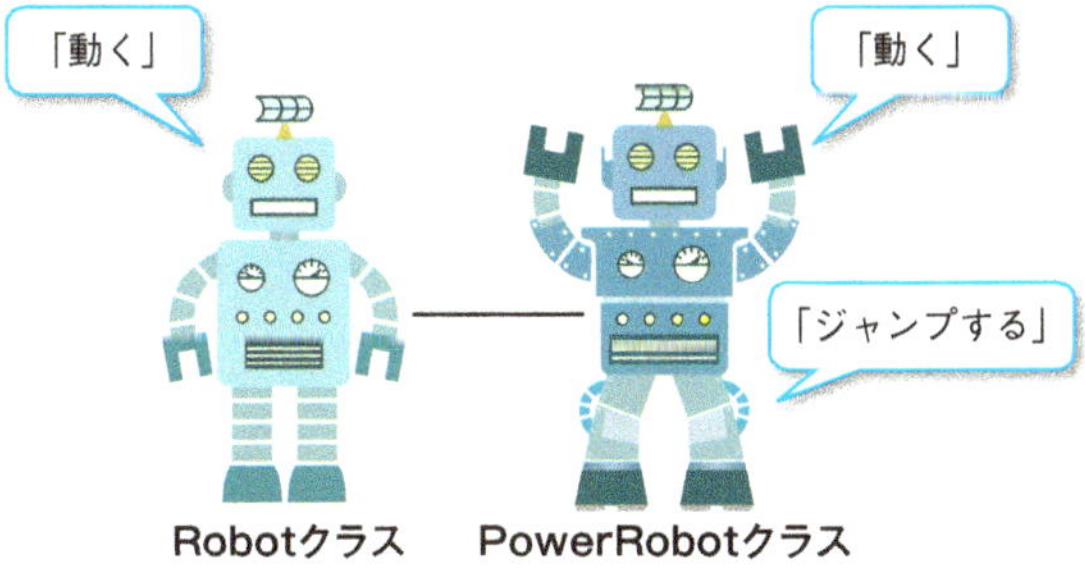

図6-6 コードを付け足すようにして新しいクラスを設計できる

クラスを拡張する場合の注意

　ところで、クラスを拡張する場合には注意しなければならないことがあります。クラスを拡張する場合にはオブジェクト指向に基づく必要があります。どんな場合にでもクラスとしてむやみに拡張するべきではないのです。

　オブジェクト指向は現実世界をうつした「モノ」に着目します。もとになる「モノ」の機能を継承して新しい「モノ」の機能を付け足すのですから、新しいサブクラスをあらわす「モノ」は、もとになるスーパークラスの「モノ」であるともいえるようにしておかなければなりません。

　つまり、サブクラスがスーパークラスの「モノ」であって、その特殊な「モノ」であったり、具体的な「モノ」である場合などに拡張するのです。

　たとえばパワーロボットの場合はロボットのうちの特殊なロボットであるので、ロボットクラスを拡張することができるの

```
class Robot
{
    ...
}

class PowerRobot extends Robot
{
    ...
}
```

スーパークラスです（class Robot）

サブクラスです（class PowerRobot extends Robot）

図6-7　拡張を行うコード

です。

機能を上書きする「オーバーライド」

継承のしくみによってコードを効率的に作成し、プログラムを開発することができます。

ただしクラスの拡張によってできることは、継承だけではありません。クラスを拡張する際、サブクラスではスーパークラスの機能を書き換えることができます。このときスーパークラスの処理は新しい処理内容によって上書きされることになります。

たとえばロボットの「動く」機能について、「前に進みます。」という表示をするように設計していたとしましょう。このとき、パワーロボットクラスで「高速で前に進みます。」という表示に変更することができるのです。

このように処理の内容が上書きされることを**オーバーライド**といいます。

```
class PowerRobot extends Robot
{
    . . .
    void move()
    {
        System.out.println("高速で前に進みます。");
    }
}
```

処理を上書きすることもできます

図6-8　オーバーライド

```
    }
}
class Sample7
{
    public static void main(String[] args)
    {
        Robot rb = new Robot();
        rb.move();

        PowerRobot prb = new PowerRobot();
        prb.move();
        prb.jump();
    }
}
```

スーパークラスのオブジェクトは「動く」機能をもっています

サブクラスのオブジェクトも「動く」機能をもっています

サブクラスで付け足した新しい機能も利用することができます

●実行結果

```
私はロボットです。
前に進みます。
私はロボットです。
私はパワーロボットです。
前に進みます。
ジャンプします。
```

ロボットが動きます

パワーロボットも動きます

新しい機能としてジャンプすることもできます

ここではもとになるロボットクラスを拡張し、パワーロボットクラスに新しい機能である「ジャンプ」を付け足しています。特殊なパワーロボットは「動かす」ことも「ジャンプする」こともできています。

やってみよう

クラスを拡張する

クラスを拡張するプログラムを作成してみましょう。ロボットクラスとパワーロボットクラスを設計します。

●ソースコード(Sample7.java)

```
class Robot
{
    Robot()
    {
        System.out.println("私はロボットです。");
    }
    void move()
    {
        System.out.println("前に進みます。");
    }
}

class PowerRobot extends Robot
{
    PowerRobot()
    {
        System.out.println("私はパワーロボットです。");
    }
    void jump()
    {
        System.out.println("ジャンプします。");
```

スーパークラスです（class Robot）

サブクラスです（class PowerRobot extends Robot）

サブクラスでコードを付け足しています（void jump()）

オーバーライドのしくみによって、サブクラスの機能を変更してクラスを柔軟に設計していくこともできるようになっています。

クラスを設計すると階層ができる

さてロボットクラスをもとにすれば、このクラスを拡張していろいろな種類のロボットを設計していくことができそうです。実際、Ｊａｖａで開発していくと、こうした数多くのクラスができることになります。

ただし、クラスはやみくもに拡張できるわけではありませんでした。サブクラスがスーパークラスの特殊な場合であるときにだけクラスを拡張することができるのでした。

このため、Ｊａｖａのクラスは階層関係としてとらえることができます。図６－９のように上の階層を抽象的なモノ、下の階層を特別なモノ・具体的なモノとする階層関係としてとらえることができるのです。

このような階層において、上層への方向を**汎化**といいます。下層への方向を**特化**といいます。たとえばロボットの場合、「機械」など抽象的なモノへとすすむ方向は汎化となります。パワーアップした「パワーロボット」、カメラの撮影機能をもつ「カメラロボット」、対話をする機能をもつ「トークロボット」……などといった特別なモノへとすすむ方向は特化となります。クラスの階層では汎化・特化の関係が成り立つことになります。ちなみにパワーロボットは特別なロボットですから、ロボットを特化したものがパワーロボットとなります。特化の関係はis-a関係と呼ばれることもあります。

カズマ：「is-a」って、難しそうな言葉だな。

健一：「パワーロボットis-aロボット」っていう意味だと考えればいいんだよ。

あかり：「パワーロボットは、ロボットでもある」関係があるから、is-aなのね。

サブクラスのオブジェクトをスーパークラスで扱える

さて、これまでにオブジェクト指向の2つ目の概念である「継承」についてみてきました。

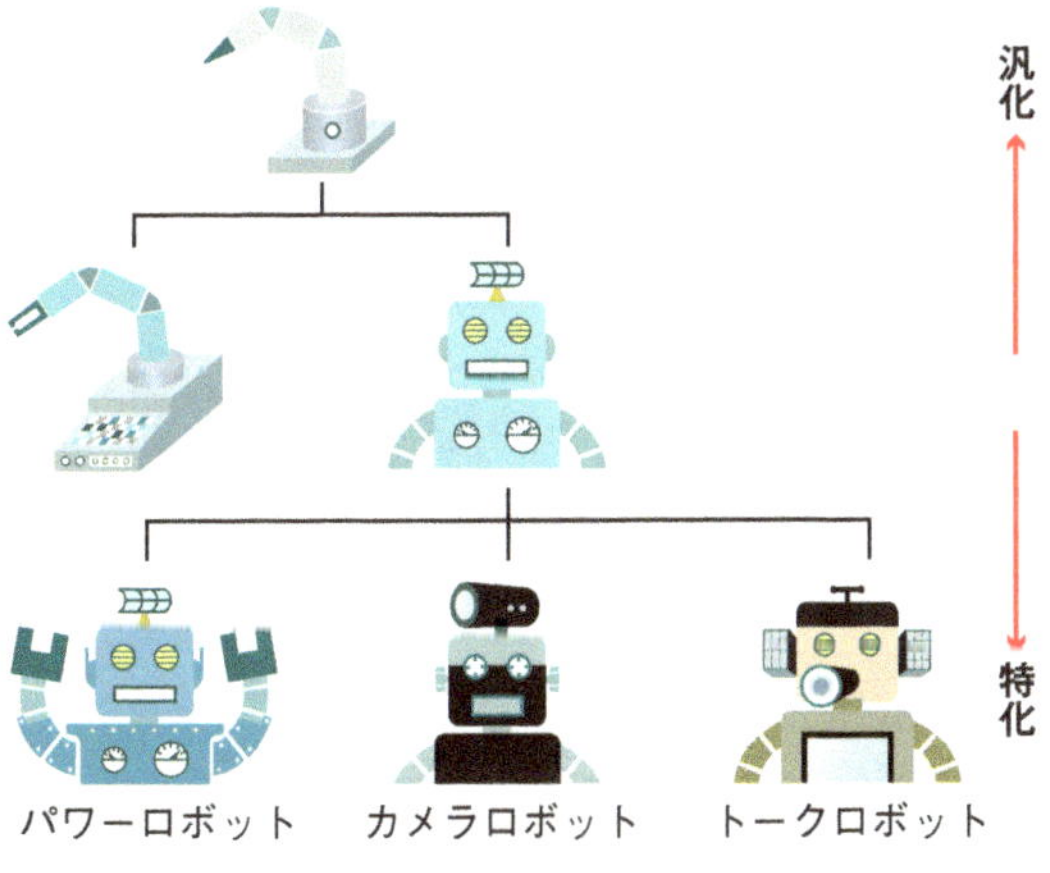

図6-9　クラスの階層

３つ目の「多態性」の概念を知るために、少し準備をしておきましょう。ここで設計したクラスについてもう少しくわしくみておくことにします。

Ｊａｖａのコードでは、スーパークラスの変数によってサブクラスのオブジェクトを扱うことができるようになっています。つまりロボットクラスの変数によって、パワーロボットクラスのオブジェクトを扱うことができるのです。

これはパワーロボットを普通のロボットとして扱えることを意味しています。パワーロボットはロボットの一種です。このため、Ｊａｖａのコード上では、パワーロボットのようなサブクラスのオブジェクトをスーパークラスのロボットとしても取り扱うことができるようになっているのです。

図６－10のコードでは、ロボットとパワーロボットを、どちらも同じようにロボットとして取り扱っています。

オブジェクト指向の概念・その３
オブジェクトのクラスに応じた動作をする「多態性」

さらに図６－11をみてください。このコードは図６－10で作成したロボットの機能を利用するコードです。このように、これらのロボットについて「動く

```
Robot rb1 = new Robot();
Robot rb2 = new PowerRobot();
```

どちらもロボットとして取り扱えます

図6-10　スーパークラスの変数でサブクラスを取り扱える

（move）」という機能を使うと、この結果はどうなるでしょうか。

もちろんロボットを動かすことができます。そしてパワーロボットも動かすことができます。

ロボットを利用する側からみれば、どのロボットを利用する場合でも、ロボットとして「動く（move）」という機能だけをおぼえていればいいのです。しかもパワーロボットは、ロボットとしての「動く」という機能を指定すれば、「パワーロボットとして高速に動く」ようになっています。ロボットはロボットとして、パワーロボットはパワーロボットとして動作するのです。

このように、Ｊａｖａではクラスの機能を利用するとき、オブジェクトのクラスに応じた動作が行われるようになっています。オブジェクト指向ではこれを**多態性（ポリモーフィズム）**と呼ぶのです。

この多態性を実感するために、次の「やってみよう」をみてみましょう。

rb1.move();
rb2.move();
どちらもロボットとして
利用することができます

図6-11　スーパークラスの機能として利用できる

```
    {
        System.out.println("ジャンプします。");
    }
}
class Sample8
{
    public static void main(String[] args)
    {
        Robot[] rb = new Robot[2];

        rb[0] = new Robot();
        rb[1] = new PowerRobot();

        for(int i=0; i<2; i++){
            rb[i].move();
        }
    }
}
```

❶ロボットを作成しています

❷パワーロボットを作成しています

❸どちらもロボットとして動かすことができます

●実行結果

```
私はロボットです。
私はロボットです。
私はパワーロボットです。
前に進みます。
高速で前に進みます。
```

❹ロボットはロボットとして動きます

❺パワーロボットはパワーロボットとして動きます

ここではロボットとパワーロボットをどちらも同じように動かしています。動かし方は同じでも、ロボットの種類に応じた動き方になっています。

やってみよう

多態性を体験する

このプログラムではロボットとパワーロボットを作成して動かします。

●ソースコード(Sample8.java)

```
class Robot
{
    Robot()
    {
        System.out.println("私はロボットです。");
    }
    void move()
    {
        System.out.println("前に進みます。");
    }
}

class PowerRobot extends Robot
{
    PowerRobot()
    {
        System.out.println("私はパワーロボットです。");
    }
    void move()
    {
        System.out.println("高速で前に進みます。");
    }
    void jump()
```

Javaではオブジェクトに応じた動作となる

前ページの「やってみよう」ではロボットとパワーロボットを作成しています（①・②）。

そしてこの2つのオブジェクトの機能を利用しています（③）。すると、2つのオブジェクトはそれぞれのオブジェクトのクラスに応じて動作しています。つまりロボットは普通に前に進み、パワーロボットは高速で前に進んでいるように表示されるわけです（④・⑤）。

このとき、オブジェクトを利用する側ではどんなロボットであるかをくわしく知る必要がありません。どちらもロボットという部品の機能を利用して動かしているだけです。

多態性においては、クラスを利用する際に、階層となっているクラスのうち、上層の抽象的なクラスの機能についてさえ知っていればよいものとなっています。図6－12の

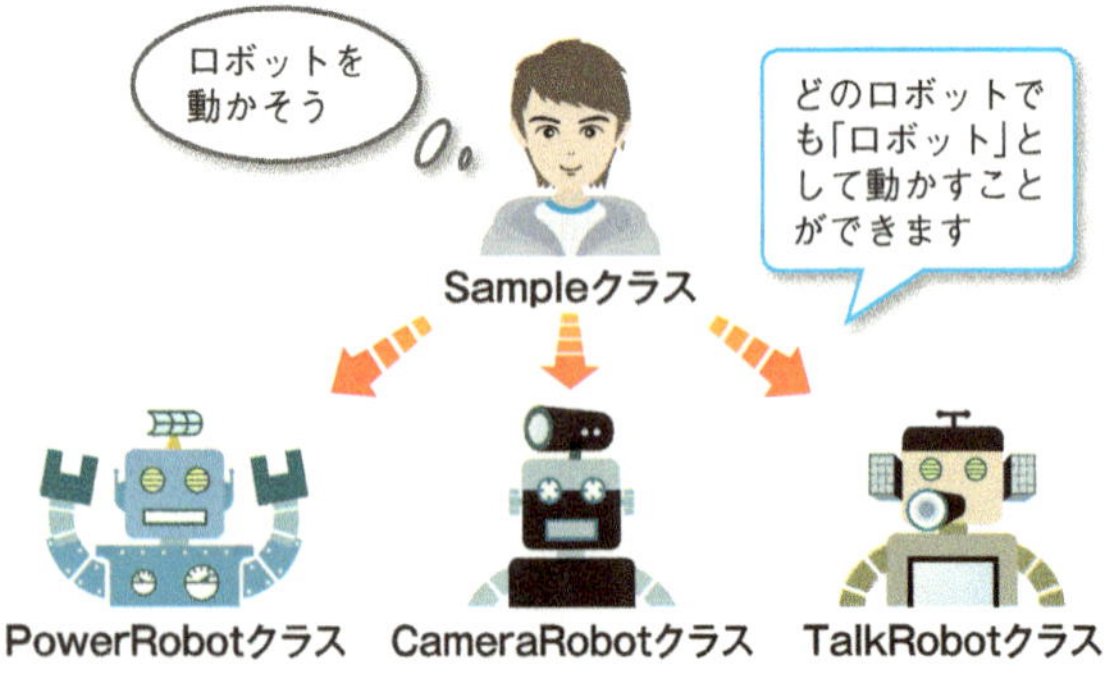

図6-12　多態性

ように、ロボットを動かす場合にはロボットの機能さえ知っていればいいのです。

実際の動作は下層の具体的なクラスによって自動的に決まります。多態性によってこうしたさまざまな部品を、抽象的な部品として一様に取り扱って動作させることができるようになっているのです。

「多態性」を利用した効率的なプログラミング

多態性は便利なしくみです。多態性のしくみは、プログラムで使われる部品を差し替えやすくするからです。

たとえば次ページの図6－13のように、ロボットクラスの変数でロボットのサブクラスであるパワーロボットを利用しているとしましょう。このとき利用するロボットを、図6－14のように、ロボットクラスの別のサブクラスに差し替えることは簡単です。利用する側はロボットを利用しているだけだからです。

つまり従来パワーロボットを利用してきたところを、撮影機能をもつ「カメラロボット」や、対話機能をもつ「トークロボット」のようなロボットを利用するように差し替えることが容易になっています。部品はどれもロボットであり、利用する側はどれもロボットとして利用しているだけです。ロボットの種類の差し替えが行われても、ロボットを利用する部分のコードを作り替

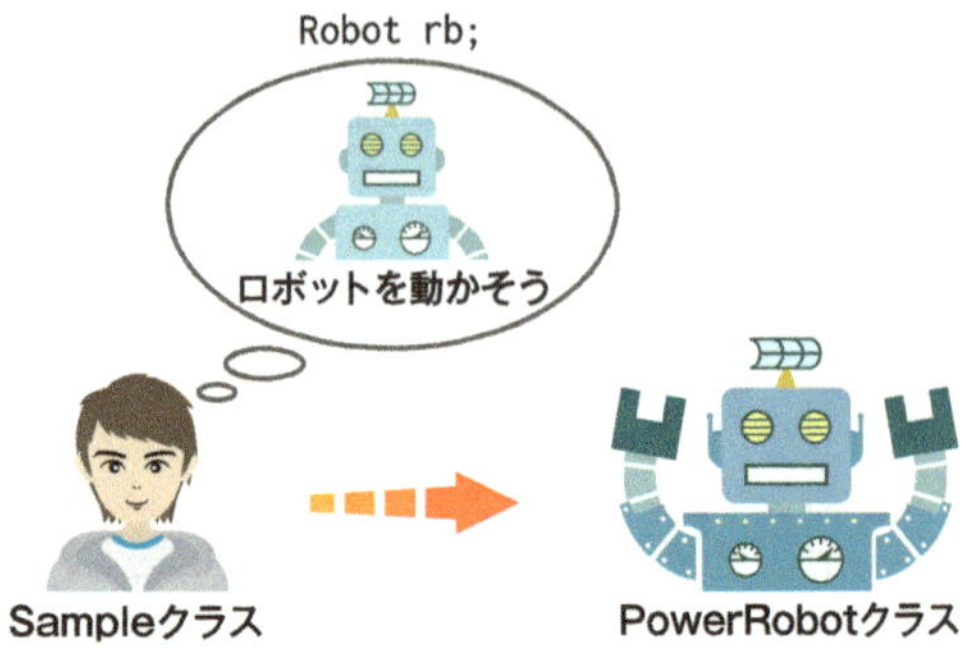

図6-13　ロボットを利用するプログラム

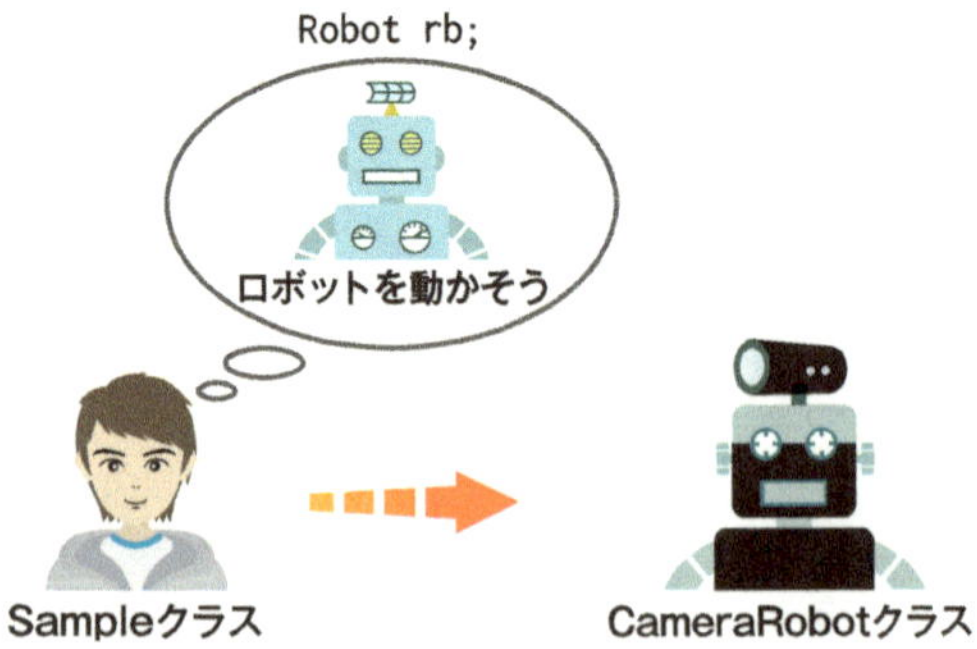

図6-14　別のロボットに差し替えることが容易だ

える必要はありません。

健一：上の階層のクラスとして部品を扱っておけば、下層の新しい部品のクラスに差し替えることが容易にできるだろう。多態性のしくみによってプログラムの変更に柔軟に対応できるようになっているんだ。新型の部品や同種の部品に変更したりもできる。プログラムのさまざまな変更に対応できるようになるんだよ。

カズマ：オブジェクト指向によって、変化に対応できる柔軟なプログラムを開発していくことができるんですね。

機能の名前だけを集めた「インターフェイス」

さて、これまでにオブジェクト指向の概念を３つ学んできました。オブジェクト指向について少し馴染むことができたでしょうか。

それではこの章の最後に、オブジェクト指向に基づいた、Ｊａｖａの高度なクラスのしくみについて紹介しておくことにしましょう。

多態性ではクラスを利用する際に、スーパークラスの機能についてさえ知っていればよいものとなっていました。クラスを利用する際には、スーパークラスの機能の「名前」さえ知っていれば、サブクラスのオブジェクトを利用することができるようになっています。

　ロボットを利用するプログラムの場合には、ロボットを動かすための「move」という機能の「名前」を知っていれば十分です。さまざまなロボットがどのように動くのかわからなくても、「動く（move）」という機能の「名前」さえ知っていれば、どのロボットでも動かすことができます。ロボットが普通に動くか高速で動くか、撮影機能をもつかなど、具体的なロボットの機能の処理内容については知る必要がなかったのです。

　そこでＪａｖａではこうしたしくみを極めて、機能の「名前」だけを集めたクラスのようなしくみを設計できるようになっています。

　機能の名前だけを集めたしくみは**インターフェイス**と呼ばれています。図6－15をみてください。①のように、インターフェイスはキーワード「interface」にイン

```
interface A
{
    void aaa();
}
class B implements A
{
    void aaa()
    {
        ・・・
    }
}
```

①インターフェイスです
②機能名だけを決めます
③インターフェイスを実装します
④機能の処理内容も決めます

図6-15　インターフェイスのコード

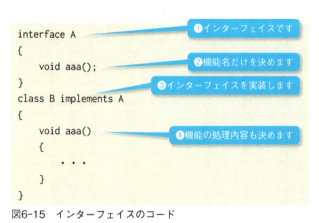

ターフェイス名をつけて設計します。②のように、インターフェイスでは機能の名前だけを決めてまとめておくことができます。

また、このようなインターフェイスの機能の名前を受け継いで処理内容を決めるクラスも設計することができます。こうしたクラスを設計することをインターフェイスを**実装する**といいます。③のように、インターフェイスの実装は「implements」というキーワードを使って行われます。

このとき②のように名前だけしか決まっていなかった機能については、④のようにその処理内容を記述しなければなりません。処理内容を決めて実装しなければ、このクラスのオブジェクトは作成することができないようになっています。

図6-16はインターフェイスの実例です。ここでは①のようにマシン（Machine）インターフェイスを設計し

```
interface Machine
{
    void move();
}
class Robot implements Machine
{
    void move()
    {
        ・・・
    }
}
```

❶インターフェイスです
❷機能名だけを決めます
❸インターフェイスを実装します
❹機能の処理内容も決めます

図6-16　インターフェイスを実装するクラスの例

ています。このマシンインターフェイスの「move」メソッドには処理内容が書かれていません（②）。これはマシンインターフェイスが「move」という機能の名前だけを取り決めていることを意味しています。

　このようなマシンインターフェイスについて、③のように機能名を受け継ぐロボットクラスを実装することができます。このときロボットクラスのオブジェクトを作成できるようにするためには、機能の内容を決めて処理を記述しなければなりません（④）。このようなしくみによって、「マシン」を実装するクラスのオブジェクトが作成できる場合には、そのオブジェクトは必ず「マシン」として必ず「動く（move）」という機能をもっていることになり、いろいろなマシンを動かすプログラムが作

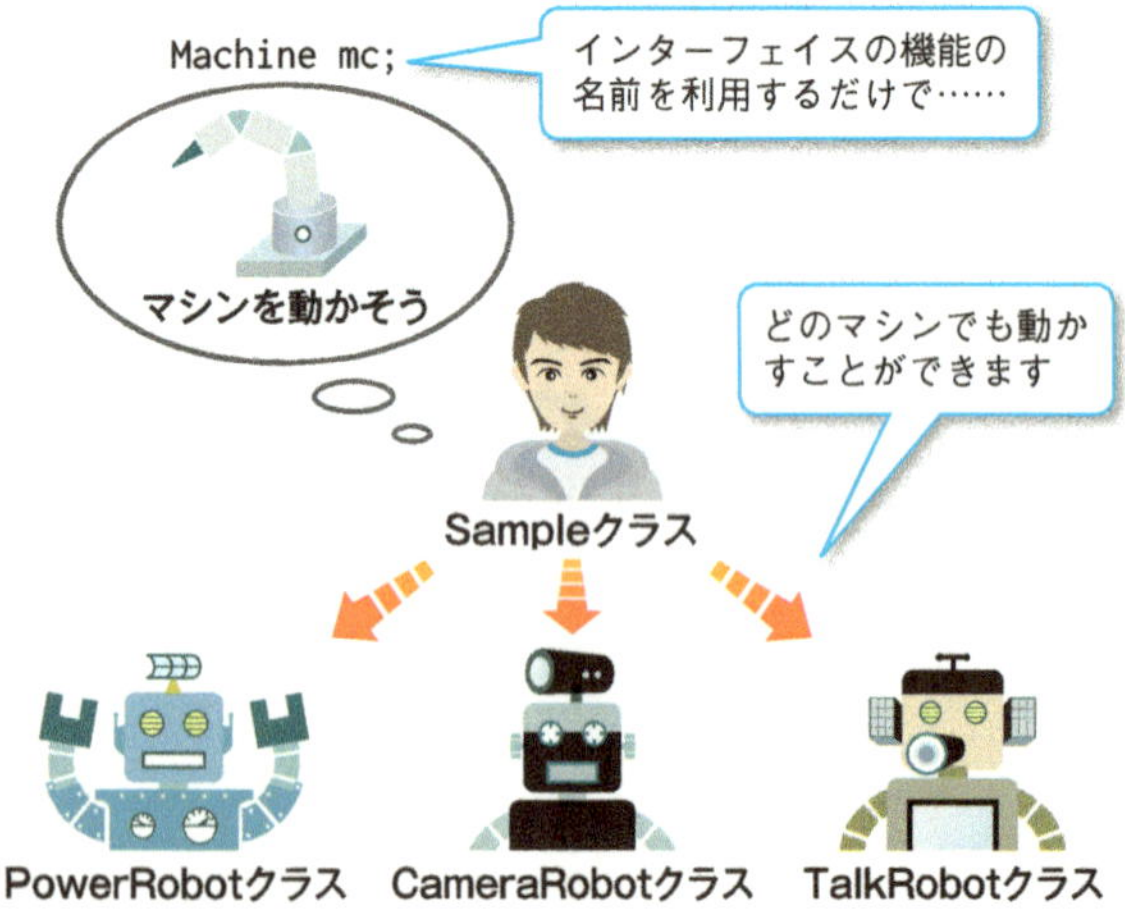

図6-17　インターフェイスの利用

成できるようになります。マシンとしての機能名が決まっていることで、マシンを実装する部品の差し替えも容易にできるようになっています。

インターフェイスに似た「抽象クラス」も使える

インターフェイスはＪａｖａでよく使われるしくみです。Ｊａｖａではインターフェイスのほかにも、機能の名前だけを提供するものと機能の処理内容を決めてあるものの両方の要素をもつクラスを設計することができるようになっています。インターフェイスは機能名だけをまとめたものになっていますが、ちょうどインターフェイスとスーパークラスの間のような存在のクラスも設計することができるのです。

このようなクラスは**抽象クラス**と呼ばれます。次ページの図6－18①のように、抽象クラスは「abstract」をつけて宣言されるクラスとなっています。このクラスには、②のように機能の名前だけを決めておくことも、③のように処理の内容を決めておくこともできます。なお②のように機能の名前だけしか決めなかった場合には、オブジェクトを作成するサブクラスで④のように機能の処理内容を決めることになっています。

クラスライブラリのクラスも階層になっている

抽象クラスやインターフェイスは通常のクラスとともにクラス階層を構成します。抽象クラスやインターフェイスは機能の名前を提供する目的のために設計されます。抽象クラスやインターフェイスはオブジェクトを作成して利用することはできません。しかし、これらは機能の名前を定め、利用方法を定めていることにおいて、図6-19のようなJavaのクラスの階層に欠かせないものとなっているのです。

健一：2章でJavaのクラスライブ

```
abstract class A //抽象クラス
{
    abstract void method1();
    void method2()
    {
        ・・・
    }
}
class B extends A //オブジェクトを作成するクラス
{
    void method1()
    {
        ・・・
    }
}
```

- ❶抽象クラスであるスーパークラスです
- ❷機能の名前だけを決めておくこともできます
- ❸機能の処理内容を決めることもできます
- サブクラスです
- ❹機能の名前だけしか決まっていない場合は、サブクラスで機能の処理内容を決める必要があります

図6-18　抽象クラスのコード

ラリについて紹介したよね。Ｊａｖａで利用されるクラスライブラリのクラスも、こうした階層となったクラスとして提供されているんだよ。

あかり：私たちは抽象クラスやインターフェイスにまとめられている機能の名前を利用して、プログラムを書くことができるのね。

健一：そうだね。オブジェクト指向の代表的な概念や高度なクラスについて勉強してきたところで、もう一度クラスライブラリをみていくことにしようか。

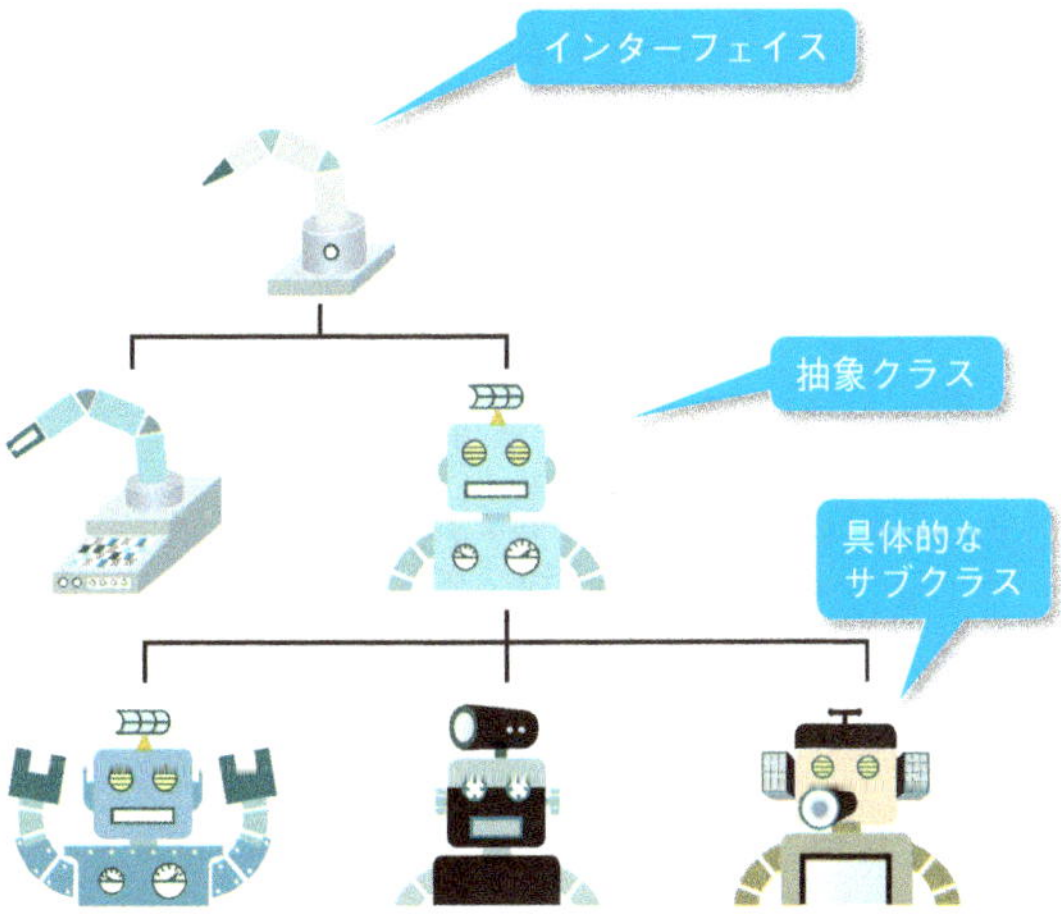

図6-19　インターフェイス・抽象クラスを含むクラスの階層の例

6章のまとめ

・カプセル化によって安心して利用できる部品を開発することが期待できます。
・クラスを拡張し、サブクラスを設計することができます。
・サブクラスは、スーパークラスの機能を継承します。
・継承によって既存のコードの機能を受け継ぎ、効率的な開発が期待できます。
・継承によってクラスの階層を考えることができます。
・多態性によって具体的なクラスで機能の内容が決まり、柔軟な開発が期待できます。
・インターフェイスや抽象クラスによって機能の名前を規定することができます。

7章

Javaのクラスライブラリをみてみよう

5章と6章では、クラスとオブジェクト指向について学んできました。この章では、Javaで実践的なプログラミングをしていく際に必要な知識を紹介しましょう。Javaではクラスライブラリとして提供されている機能を利用して、多様なプログラムを作成することができます。この章では、クラスライブラリとその関連知識を紹介します。

APIリファレンスを使う

カズマ：健一さん、何のホームページを見ているんですか？

健一：これはJavaのクラスライブラリのクラスが説明されているページなんだ。APIリファレンスと呼ばれている。

カズマ：Javaのクラスが書いてありますね。

あかり：このクラスが、今までにも使ってきたJavaのクラスライブラリの説明なのね。

5章と6章では、Javaのクラスとオブジェクト指向の概念について学んできました。この章では、プログラミングを実践していく際に必要な知識について紹介していきましょう。

Javaで実践的なプログラムを作成していく際には、クラスライブラリのクラスを利用します。クラスライブラリには数多くの機能をもつクラスが提供されています。

Javaの公開元であるオラクル社のページには、Javaの関連文書（ドキュメント）として、「**APIリファレンス**」が公開されています。このAPIリファレンスには、JDKに付属するJava標準のクラスライブラリの説明が掲載されています（図7-1）。

APIリファレンスには、さまざまな情報が公開されています。クラスの名前や公開されているメンバを調べることができるのです。このリファレンスによってＪａｖａのプログラムを作成する際に必要な情報を得ることができます。

　ＡＰＩとは、「アプリケーション・プログラミング・インターフェイス」の頭文字です。インターフェイスはものが接する部分を意味し、コンピュータの世界ではハードウェアなどの周辺機器を接続する箇所をさす言葉としても使われています。ＡＰＩは次ページの図７－２のように、ユーザーが作るアプリケーションと、すでに開発されたクラスのコードとをつなぐ役割をはたします。

　プログラムを作成する際に、クラスライブラリとして提供されているクラスのコードの内容についてくわしく知る必要はありませ

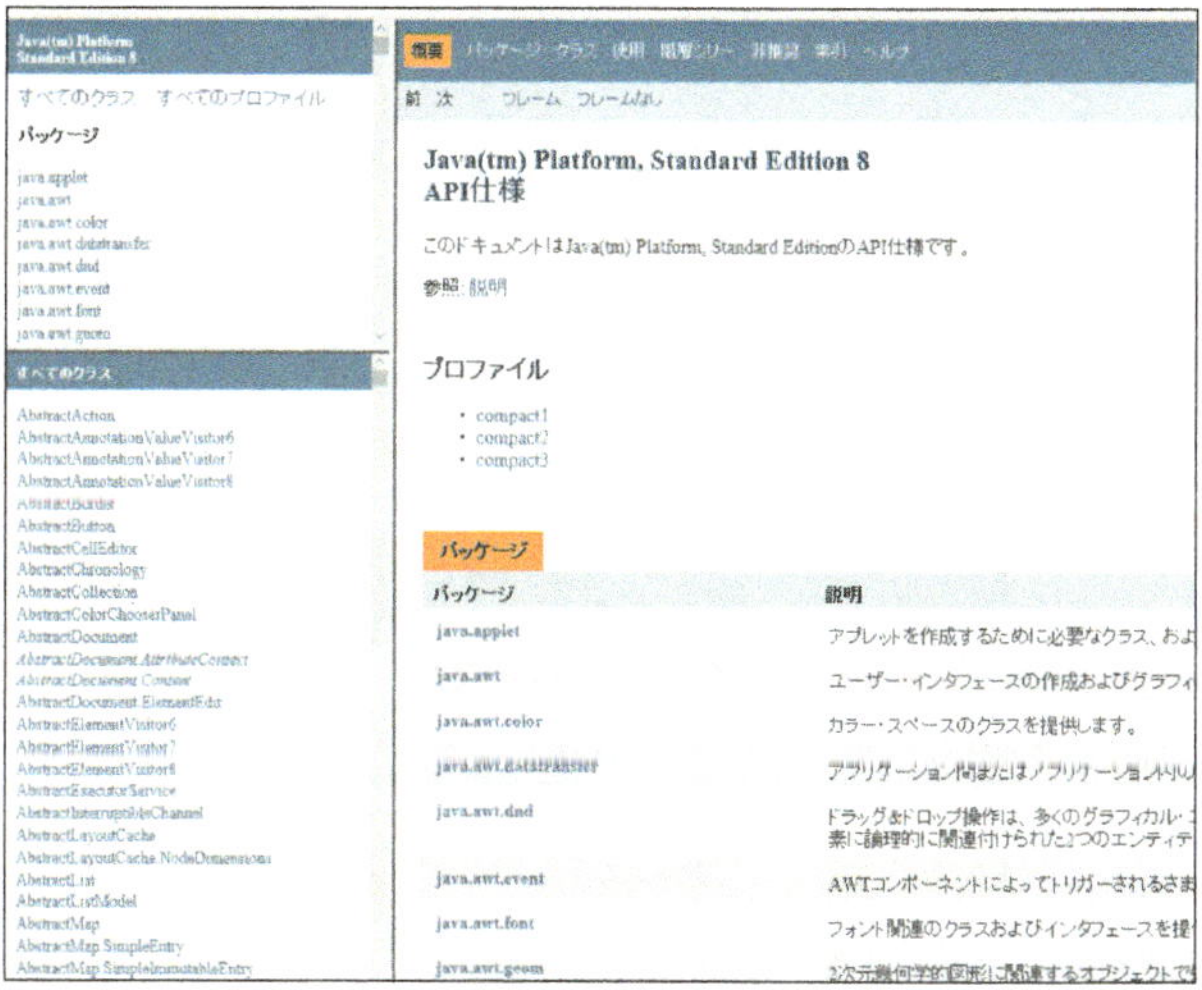

図7-1　APIリファレンス

ん。リファレンスで調べたクラスのメンバを使うことで、高度な機能をかんたんに利用することができるようになっているのです。

リファレンスはJavaのコードから作成されている

カズマ：リファレンスを読むと、クラスに関する情報がわかりますね。

健一：リファレンスを読んでプログラムを開発するために必要なクラスの情報を得るんだよ。

公開されているリファレンスを読むと、さまざまなクラスとそのメンバがあることがわかるでしょう。

実はこうしたクラスのリファレンスは、クラスを記述したソースコードのコメントからjavadocというツールを使って作成されています。

リファレンスを作成するためには、152ページの図7-3上のコードのように、/** ～ */という形式のコメントとして記述しま

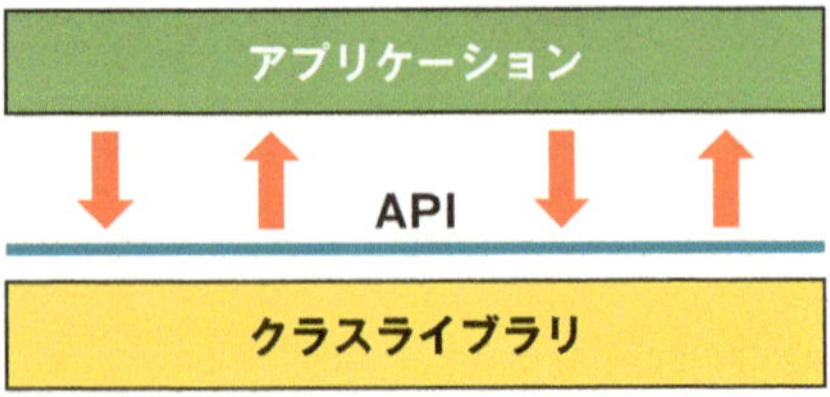

図7-2　APIはアプリケーションとクラスライブラリの接点となる

やってみよう

APIリファレンスを調べる

APIリファレンスを調べてみましょう。APIリファレンス（JDK8用）は、次のページにあります。

http://docs.oracle.com/javase/jp/8/docs/api/

APIリファレンスでは、次の項目などを調べることができます。

・クラス名
・パッケージ名
・メンバ名（フィールド、メソッド）

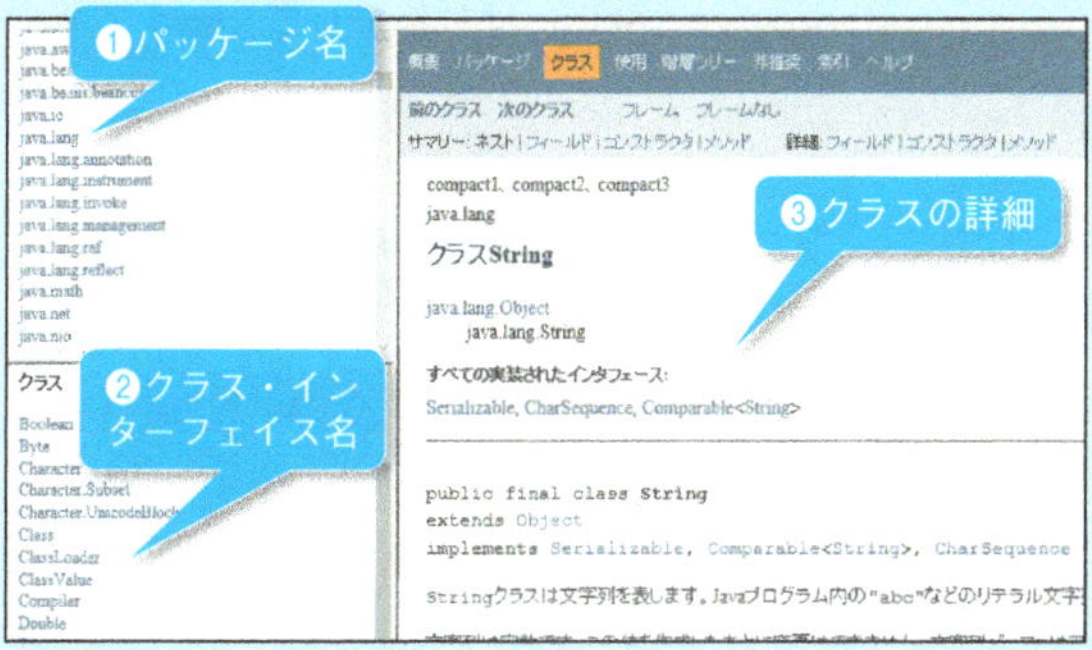

クラスについて調べるための一般的な手順は、次のようになります。

①パッケージ名を選択する
②クラス名（インターフェイス名）を選択する
③クラスのメンバなどについての詳細な説明を読む

なお、リファレンスにはprivate指定によって公開されていないメンバなどは掲載されていません。公開された機能を調べて利用していくことになります。

```
/**
* サンプルクラスです。
* @author Takahashi
*/
public class Sample
{
    /**
    * アプリケーションを起動します。
    * @param args コマンドライン引数
    */
    public static void main(String[] args)
    {
        System.out.println("はじめまして、Java です!");
    }
}
```

コメントからリファレンスを作成できます

図7-3　リファレンスはコードから作成されている

す。このコメントの中に、@マークを使った形式で開発者名やバージョン、メソッドの引数や戻り値の説明を記述しておきます。

そしてjavadocツールでこのソースコードから、Webページとして閲覧できるHTML形式のファイルを作成することができます。

開発を行っていく際には、自分自身で設計したクラスの機能を他の開発者に利用してもらうために、こうしたリファレンスを作成する機会があるかもしれません。

クラスはパッケージに分類されている

カズマ：リファレンスには今までにみたクラスもありますね。文字列をあらわすStringクラスがあります。

あかり：Stringクラスは、java.langパッケージなのね。

健　一：クラスはパッケージに分類されているよ。

クラスライブラリのクラスは**パッケージ**と呼ばれるしくみで分類されています。クラスライブラリはたくさんのパッケージによって分類されています。たとえばStringクラスは、java.langパッケージに分類されます。そこでここではパッケージのしくみについて紹介しておきましょう。

パッケージは大規模な開発においては特に重要なしくみです。大規模な開発では多数の開発者によってクラスを設計することになります。このとき1つのプログラムの中に、同じ名前のクラスが存在することになるかもしれません。そこで1つのプログラムの中で、開発された場所が異なる、同じ名前のクラスを使えるようにしておく必要があります。

パッケージ名をつけることでクラス名を識別することができます。パッケージは名前空間とも呼ばれ、クラスの名前を識別して管理するものとなっています。

設計したクラスをパッケージに含めることができる

自分で設計したクラスを、特定のパッケージに含めて分類することもできます。設計したクラスをパッケージに含めるには、図7-4のように、ソースコードの先頭に「package パッケージ名;」を指定します。

パッケージ名はクラスを設計した開発者が所属する組織のドメイン名をさかさにした文字列で始まる名前などを使うことになっています。たとえば「xxx.co.jp」というドメインをもつ組織に属する場合、パッケージ名として「jp.co.xxx」で始まる名前を使います。

なおクラスを設計するとき、パッケージ名は必ずしも指定しなくてもかまいません。パッケージ名を指定しない場合、クラスは名前のないパッケージに含められるものとなります。

インポートでパッケージ名を省略できる

さて、こうして設計された各種のクラス名をコード中で使う際には、パッケージ名をつけて指定することが正式な書き方となっています。つまり、「jp.co.xxx」パッケージのAクラスの正式な名前は「jp.co.xxx.A」とする必要があります。文字列の場合は「java.lang.String」が正式なクラス名なのです。

しかし、このような長いクラス名でプログラムを書くのは大変な場合もあるでしょう。このためコードの中で**インポート**というしくみを使うことができるようになっています。図7-5のように、コードの先頭で「import パッケージ名をつけたクラス名;」と書いておけば、コード中ではクラス名を指定するだけでクラスを利用できるよ

```
package jp.co.xxx;
class A
{
    ・・・
}
```

Aクラスが指定パッケージに含まれます

図7-4　パッケージの作成

```
import jp.co.xxx.A;
class B
{
    ・・・
    A a = new A();
}
```

インポートすると……

パッケージ名を指定せずにAクラスを使えます

図7-5　パッケージのインポート

うになります。

クラスライブラリのクラスを利用する場合にも、インポートを行うことが多くなっています。ただし、よく使われるjava.langパッケージは、インポートを行わなくてもクラス名を指定するだけでクラスを使えるようになっています。

文字列をあらわすString・StringBufferクラス

さてパッケージのしくみについて紹介したところで、クラスライブラリのクラスについてくわしくみていくことにしましょう。

クラスライブラリにはさまざまなクラスが用意されています。こうしたクラスの機能について知っておくことは大切です。

まず、Ｊａｖａプログラムの中で頻繁に扱うことになるのが「文字列」です。

文字列をあらわすにはjava.langパッケージの**String**クラスや**StringBuffer**クラスを使います。

Stringクラスには表7－1のような「文字列の長さを調べる」「文字を大文字または小文字に変換する」などの機能が用意されています。

なおStringクラスの文字列ははじめから決まった長さの文字列とすることになっており、長さを変えることができません。このため、文字列を追加して長さを変える場合などには、表7－2のStringBufferクラスなどを使います。

さて、これら表のうち表7－1、1行目のStringクラスのequalsメソッドは重要です。このメソッドは文字列を比較する機能をもちます。

たとえば文字列strが「こんにちは」であることを調べるためには、図7－6上のようにequalsメソッドを使うことになります。図7－6下のような表記は使いません。この＝＝記号は4章で紹介

メソッド名	内容
boolean equals(Object obj)	文字列が等しいか調べる
int indexOf(int ch)	文字の位置を調べる
int length()	文字列の長さを調べる
String toLowerCase()	小文字に変換する
String toUpperCase()	大文字に変換する

表7-1　文字列クラス（Stringクラス、文字列の長さは固定）

メソッド名	内容
StringBuffer append(String str)	文字列を追加する
StringBuffer deleteCharAt(int index)	文字を削除する
StringBuffer insert(int offset, String str)	文字列を挿入する
StringBuffer replace(int start, int end, String str)	文字列を置換する
int length()	文字列の長さを調べる
StringBuffer reverse()	文字列を逆順にする

表7-2　文字列クラス（StringBufferクラス、文字列の長さは可変）

```
○　str.equals("こんにちは")
×　str == "こんにちは"
```

図7-6　文字列が「こんにちは」であるかを調べる

した等しいことを調べる条件を作る記号です。

オブジェクトに==を使うと、それはオブジェクト同士が同じものであるかを判断するための条件となります。しかし、文字列オブジェクトは異なる2つのオブジェクトがどちらも「こんにちは」という文字列をもつ場合があります。このため、正しい判断を行うために、文字列が同じであるかを調べるequalsメソッドを使うのです。

正規表現をあらわすjava.util.regexパッケージのクラス

カズマ：文字列が一致するかどうかはequalsで調べるとして、ほかに文字列を扱う場合にはどうすればいいのかな。

あかり：そうね。長い文の中から「Java」っていう言葉を検索する場合にはどうしたらいいかしら。

健一：そうした場合には正規表現を使うことができるよ。

文字列の検索や置換を行うために、**正規表現**と呼ばれる機能を提供する**java.util.regexパッケージのクラス**を使うことがあります。このパッケージには正規表現の機能を提供するMatcherクラス（表7－3上）やPatternクラス（表7－3下）が含まれています。

　正規表現は文字列のパターンを指定して検索条件を作ります。たとえば長いテキストの中から「Ｊａｖａ」にあてはまる文字列を探索するなどといった場合に、正規表現のクラスを使った検索を行うことが考えられます。

　正規表現では図７－７の「Ｊａｖ○」などのように一部の文字しかわからない場合の条件も作ることができるようになっています。正規表現クラスを使えば、強力なテキスト検索処理などができるのです。

数学上の高度な計算をするMathクラス

　数学上の計算を行うクラスもあります。数学に関する簡単な計算は３章で紹介した演算子などで行うことができますが、高度な数学

（java.util.regex.Matcherクラス）

メソッド名	内容
boolean find()	検索する

（java.util.regex.Patternクラス）

メソッド名	内容
Pattern compile(String regex)	パターンを得る
Matcher matcher(CharSequence cs)	マッチする正規表現を得る

表7-3　正規表現クラス

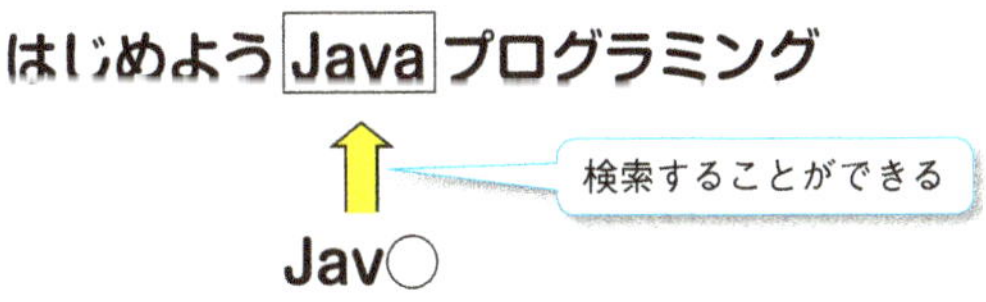

図7-7　正規表現

上の計算処理については、表7－4のようなjava.langパッケージの**Mathクラス**などを利用することになります。

Mathクラスにはサイン・コサイン・タンジェント関数といった三角関数などの計算を行う機能があります。またMathクラスのフィールドには円周率をあらわすPIがあります。こうした数学上の機能は、ゲームなどのプログラムでグラフィカルな図形を画面に描くために使われることがあります。

健一：数学計算に関する機能は静的メンバとなっているものが多いんだよ。静的メンバはクラス名をつけてメンバを指定するのだったね。

あかり：円周率なら「Math.PI」とすればいいのね。

カズマ：ほかのメソッドも「Math.……」と指定して使うんですね。

機能名	内容
static double PI	円周率
static int abs(int a)	絶対値を調べる
static double ceil(double a)	切り上げの整数値を調べる
static double floor(double a)	切り捨ての整数値を調べる
static double max(double a, double b)	2数のうち大きい値を調べる
static double min(double a, double b)	2数のうち小さい値を調べる
static double sin(double a)	サイン値を調べる
static double cos(double a)	コサイン値を調べる
static double tan(double a)	タンジェント値を調べる
static double sqrt(double a)	平方根を調べる
static double random(double a)	0.0～1.0未満の乱数を返す

表7-4　数学クラス（java.lang.Mathクラス）

ランダムな値を求めるRandomクラス

数学上の計算に関連する便利な機能を紹介しておきましょう。

コンピュータではよく、ランダムな値を作成する場合があります。ゲームプログラムの中で、突然敵が出現したり、アイテムがあらわれたりすることがあるでしょう。こうしたデータはランダムな値を作成して管理されるしくみとなっています。

ランダムな値は**乱数**とも呼ばれます。乱数は次にふったサイコロの目などのような、規則性のない数のことをいいます。

ＪａｖａでランダムなAを取得するためには、Mathクラスのrandomメソッドを使います。また、さらに高機能なクラスとして、java.utilパッケージのRandomクラスが使えるようになっています。

Ｊａｖａの乱数は０～１未満の値となります。このため、サイコロの数のように１～６の数値をランダムに得るためには、図７-８のように値を変換することになります。

またコンピュータ上で作成されるランダムな値は、シードと呼ばれる値

```
import java.util.Random;
・・・
Random rd = new Random(time);
int dice = (rd.nextInt(6))+1;
```

シードを設定する

1～6を得る

図7-8　ランダムな値の作成

に基づいて、一定の規則で疑似的に作成された乱数となっています。このような乱数は**疑似乱数**と呼ばれます。疑似乱数は疑似的に作成される乱数であるため、シードが同じである場合は常に一定の順序で発生する乱数となってしまいます。そこでランダムな値を作成する際には、現在の時刻などをシードとして設定する方法が一般的に使われています。

日時を計算して活用するjava.timeパッケージのクラス

次に日付や時刻を扱うクラスを紹介しましょう。

日付や時刻といった日時情報を扱うには**java.timeパッケージ**のクラスなどを使います。日時を扱うパッケージには、現在の時刻を調べる機能や、日時を加算・減算する機能などが数多く用意されています。

時刻を含む日時を扱う場合には、表7－5のLocalTimeクラス、日付を扱う場合には表7－6のLocalDateクラスを利用することができます。

ショッピングサイトで販売を行ったり、スケジュールを管理したりするアプリケーションなどを開発する際には、大切なクラスとなるでしょう。

メソッド名	内容
boolean equals(Object obj)	日時が等しいか調べる
static LocalTime now()	現在の時刻を得る
LocalTime plusHours(long hoursToAdd)	時間を加算する
LocalTime minusHours(long hoursToSubtract)	時間を減算する

表7-5　日時に関するクラスの機能（java.time.LocalTimeクラス）

ファイルを読み書きする java.ioパッケージのクラス

コンピュータで各種のデータを保存したい場合にはファイルを扱うことが不可欠です。ファイルの読み書きを行う際にもライブラリが提供するさまざまな機能を利用することができます。

ファイルに関するクラスは**java.ioパッケージ**に分類されています。このパッケージにはファイルを扱うための多くのクラスが含まれており、各種ファイルを読み書きするための機能がまとめられています。

ファイルを読み書きするクラスは**ストリーム**と呼ばれます。ストリームはデータの流れを意味し、ファイル上もネットワーク上のデータも

メソッド名	内容
static LocalDate now()	現在の日付を得る
boolean isBefore (LocalDate other)	日付が前か調べる
boolean isAfter (LocalDate other)	日付が後か調べる
int lengthOfMonth()	月の長さを得る
String format(DateTimeFormatter formatter)	日付を指定書式にする
LocalDate minusDays(long daysToSubtract)	日付を減算する
int getDayOfMonth()	月中の日付を得る
DayOfWeek getDayOfWeek()	曜日を得る
static LocalDate of(int year, int month, int dayOfMonth)	年月日を指定して日付を作成する
LocalDateTime atTime(int hour, int minute)	時刻を指定して日時を作成する

表7-6 日付に関するクラスの機能(java.time.LocalDateクラス)

やってみよう

日時を調べる

java.timeパッケージのクラスを使って、日付や時刻を調べることができます。

●コード(Sample9.java)

```
import java.time.*;

class Sample9
{
    public static void main(String[] args)
    {
        LocalDate d = LocalDate.now();
        System.out.println(d);
        LocalTime t = LocalTime.now();
        System.out.println(t);
    }
}
```

❶日付を表示します

❷時刻を表示します

●実行結果

```
2017-04-01
20:20:14.387
```

LocalDate クラスを利用すると日付が（①）、LocalTime クラスを利用すると時刻が（②）表示されます。

同じようにとらえています。ネットワークと通信する際、データを送信したり受信したりする処理を、データをファイルに読み書きすることと同じように扱うことができるようになっています。

ストリームを利用する際には、ストリームが扱うファイルの種類に注意することが大切です。

最も手軽に利用できるものが、**テキストファイル**です。テキストファイルは人間にも読めるファイルとして読み書きすることができます。これに対して**バイナリファイル**と呼ばれるファイルは、データをそのままコンピュータの入出力の単位であるバイト単位で読み書きするものです。バイナリファイルは人間に読めるファイルではありませんが、コンピュータにとっては扱いやすいファイルとなっています。

また、これらのファイルを読み書きする方法として、先頭から順番に読み書きをする**シーケンシャルアクセス**と呼ばれる方法や、ファイルの途中から読み書きする**ランダムアクセス**と呼ばれる方法が利用されています。

クラス名	内容
FileReader	テキストファイル読み込み
FileWriter	テキストファイル書き込み
FileInputStream	バイナリファイル読み込み
FileOutputStream	バイナリファイル書き込み
RandomAccessFile	ランダムアクセス

表7-7　ファイルに関する主なクラス（java.ioパッケージ）

ネットワークと通信するjava.netパッケージのクラス

ネットワークに関するクラスは**java.netパッケージ**に分類されています。

ＵＲＬクラスは、インターネットで使われるＵＲＬをあらわしたものです。ＷｅｂブラウザにＵＲＬを入力してＷｅｂページを表示する機会もありますから、おなじみの概念でしょう。

InetAddressクラスは、インターネットアドレスと呼ばれるアドレスをあらわしたものです。このアドレスはホストアドレスとも呼ばれ、インターネットや自分のネットワークの中で割り当てられる数値となっています。たとえば自分の機器には「１２７．０．０．１」という数値などを割り当てます。InetAddressクラスを使うことで、こうしたインターネットアドレスをプログラム中で調べることができ、ネットワーク上のマシンが特定できるようになります。

またSocketクラスは、ソケットと呼ばれる接続を管理する概念をあらわしたクラスです。ＵＲＬやインターネットアドレスで特定された機器との通信を管理することができます。Ｗｅｂやメールなどのほか、ネットワークで通信し

クラス名	内容
URL	URL
InetAddress	インターネットアドレス
Socket	ソケット

表7-8　ネットに関する主なクラス（java.netパッケージ）

て対戦するゲームなどのプログラムを作る際には、ソケットの機能が必要になる場合があります。

実行時のエラーを処理するしくみ

健一：ところで、ファイルやネットワークを扱う際には気をつけなければならないことがあるよ。

カズマ：どんなことですか。

健一：プログラムを実行したときにエラーが起こる可能性があるんだ。もし、あらかじめコード内でファイルを指定している場合、ファイルを読み込もうとしても、ファイルが存在しないなんてことがあるかもしれない。

あかり：そうね。ネットワークの場合だって……たまたま運悪く接続できないなんてこともあるかもしれないのね。

健一：そうしたエラーはプログラムを実行してみないとわからないから、コードを書く時点でエラーにはなっていない。でも、そのエラーが発生するという可能性についてはわかっているんだ。プログラムを書く人間としては、これは対処するべき問題だよね。

あかり：どうすればいいのかしら。

ファイルやネットワークを扱う際には、プログラムの実行時にエラーが発生する可能性があります。ファイルが存在しない場合やネットワークに接続できない場合があるからです。

このようなエラーは実行時のエラーとして扱われ、**例外**と呼ばれています。Ｊａｖａではメソッドの中で実行時のエラーが起きる可能性がある場合、そのメソッドには「throws」という指定をつけて例外オブジェクト（実行時のエラー）が発生する可能性を示すことができます。

たとえば図７－９ではPrintWriterコンストラクタで「ファイルが存在しない」という例外が発生する可能性が起こることを示しています。

このような例外を発生する可能性があるメソッドを利用する場合には、エラーに対する処理をメソッドの利用者が書く必要があります。このためにはエラーが発生する可能性のある箇所をtryに続けて{}で囲みます。すると、例外が発生したときにそのブロックのあとに記述したcatchブロックで例外が処理されることになっています。このエラー処理方法を**例外処理**といいます。

例外が発生する可能性がある

```
PrintWriter(File file) throws FileNotFoundException
```

例外を発生する可能性があるコンストラクタ

図7-9　例外を発生するメソッドやコンストラクタの形

たとえば図7-10のコードでは、PrintWriterクラスのオブジェクトを作成したときに発生する例外を処理しています。

カズマ：文字列の扱いや数学上の計算、日時の計算。そしてファイルやネットワークの操作か。クラスライブラリによっていろんなことができましたね。

あかり：クラスライブラリを利用すれば、Ｊａｖａで実践的なプログラミングをしていくことができそうね。

健一：最後にＪａｖａが活用されている開発を紹介していこう。

```
import java.io.*;
class Sample
{
    public static void main(String[] args)
    {
        try{
            PrintWriter pw = new PrintWriter
            (new BufferedWriter(new FileWriter("file1.txt")));

            pw.close();
        }
        catch(IOException e){
            System.out.println("エラーが発生しました。");
        }
    }
}
```

tryの中で例外が発生した場合……

例外を処理します

図7-10　例外処理

7章のまとめ

- APIリファレンスからクラスライブラリの情報を得ることができます。
- クラスをパッケージに含めることができます。
- インポートしてパッケージ名を省略することができます。
- 文字列に関するクラスを扱うことができます。
- 数学や日時計算に関するクラスを扱うことができます。
- ファイルやネットワークに関するクラスを扱うことができます。
- プログラム実行時に発生する例外を処理することができます。

8章

Javaから広がる開発の世界

ＰＣからスマートフォン、そしてタブレット。私たちの日常に欠かせないものとなっているＷｅｂシステムまで、Ｊａｖａはさまざまなプログラムの開発に応用されています。この章では、Ｊａｖａを活用した開発についてみていきましょう。

少し変わったウインドウの正体とは？

カズマ：あれっ、健一さん。見てください。このウインドウ変わってますね。僕が使ってるWindows PCのウインドウとちょっと違うみたいです。

健一：これはJavaのコードで作成したウインドウだよ。

カズマ：Javaで作ったウインドウですか。Javaでこんなものができるのか。知らなかったです。僕もちょっと作ってみたいなあ。

健一：Javaではウインドウ部品に関するクラスライブラリも利用できるよ。

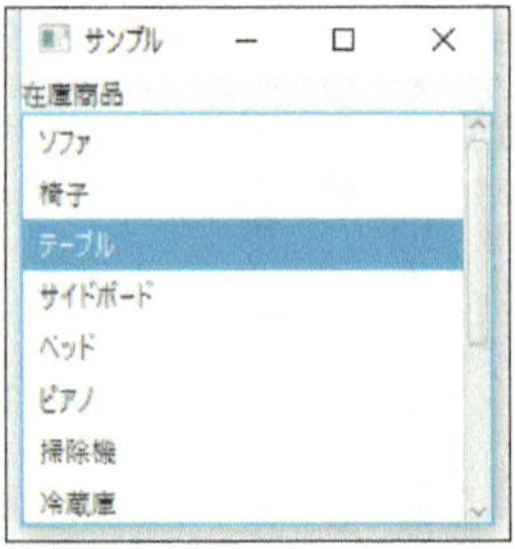

図8-1　ウインドウ部品の例

最後となるこの章では、Ｊａｖａを活用した開発について紹介していきましょう。

Ｊａｖａではウインドウなどを備えたグラフィカルなアプリケーションを開発することができます。

ウインドウを備えたグラフィカルなプログラムは一般的に使われていますので、おなじみのものでしょう。Ｊａｖａではユーザーからの入力を受け付けたり、画面に表示したりするためのさまざまなウインドウ部品を利用できるようになっています。

代表的なウインドウ部品には表8-1のような種類があります。ボタンは最もよく使われるウ

一般名称	部品の目的	例（JavaFX）
ボタン	操作を入力する	
チェックボックス	二者択一項目を選択する	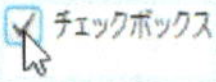
ラジオボタン	複数項目から1つを選択する	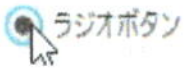
コンボボックス	ドロップダウンするリストで表示する	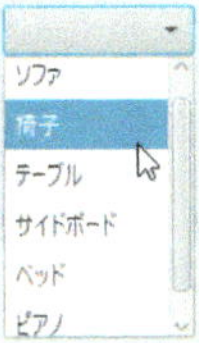
テキストフィールド	テキストを入力する	
リスト	リスト項目を表示する	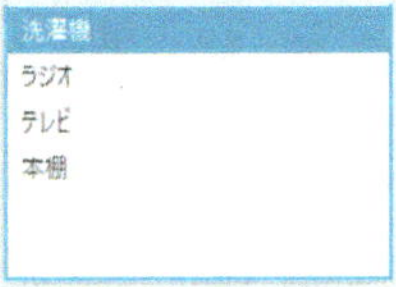
テーブル	表形式のデータを表示する	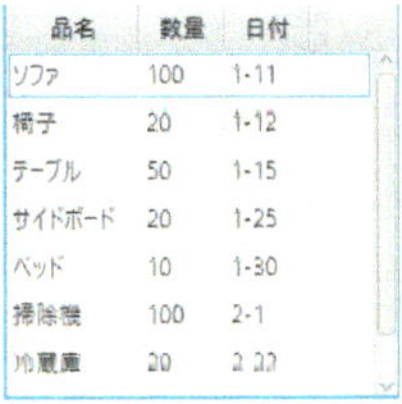

表8-1　よく利用されるウインドウ部品

インドウ部品の1つです。チェックボックスは「はい」「いいえ」などの2つのうちどちらか1つをチェックマークで選択する入力部品です。またラジオボタンは複数項目の中から1つを選択するための部品です。複数の項目をグループにして1つを選べるようになっています。

コンボボックスはデータの表示を行うために使われます。通常、最上部をクリックするとリストが開いて表示や選択ができるようになっています。

172ページの図8-1はJavaFXと呼ばれるパッケージのクラスを使ったウインドウアプリケーションです。JavaではGUIアプリケーションに関するライブラリを利用することで、ウインドウアプリケーションをかんたんに開発することができるようになっています。

いろいろなウインドウ部品のセットがある

健一：JavaFXではデータを記述する言語であるXMLを使ってウインドウ部品を配置することもできるんだ。それにWebページをデザインする言語であるCSSで部品の外観をデザインできるよ。

あかり：Webページと同じように画面をデザインできるのね。

Javaでは、JavaFX以外にもいろいろなウインドウ部品が使われています。AWTと呼ばれるＪａｖａ公開初期から存在するウインドウ部品のセットでは、Ｗｅｂ上で動作するアプレットと呼ばれるＪａｖａのプログラムが重視されていました。また、その後登場したSwingと呼ばれるウインドウ部品のセットは独自の外観をもつウインドウ部品となっています。

ウインドウ操作は「イベント」になる

ウインドウの開発で気をつけておきたいのは「**イベント処理**」というしくみです。ウインドウアプリケーションを作成する場合には、「ボタンを押した」「キーを入力した」「リスト項目をクリックした」などといった出来事に対してコードを記述することになります。この出来事を**イベント**といいます。

どのようなイベントが起こるのかはウインドウ部品によって決まっており、開発者はリファレンスを参照して記述していくことになります。

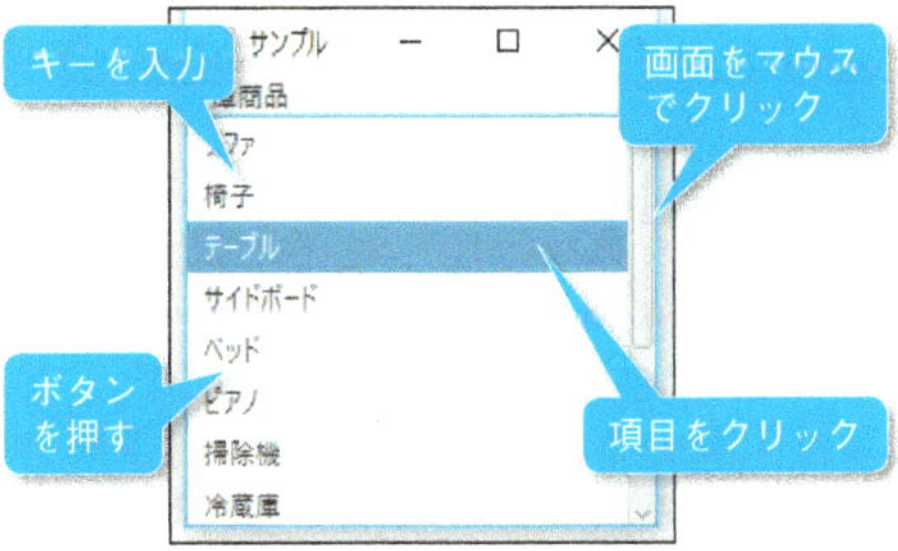

図8-2　ウインドウ上で発生する主なイベント

❷ウインドウを閉じたときの処理です

```
        addWindowListener(new WindowAdapter(){
            public void windowClosing(WindowEvent e){
                System.exit(0);
            }
        });

        setSize(250, 200);
        setVisible(true);
    }
}
```

●実行結果

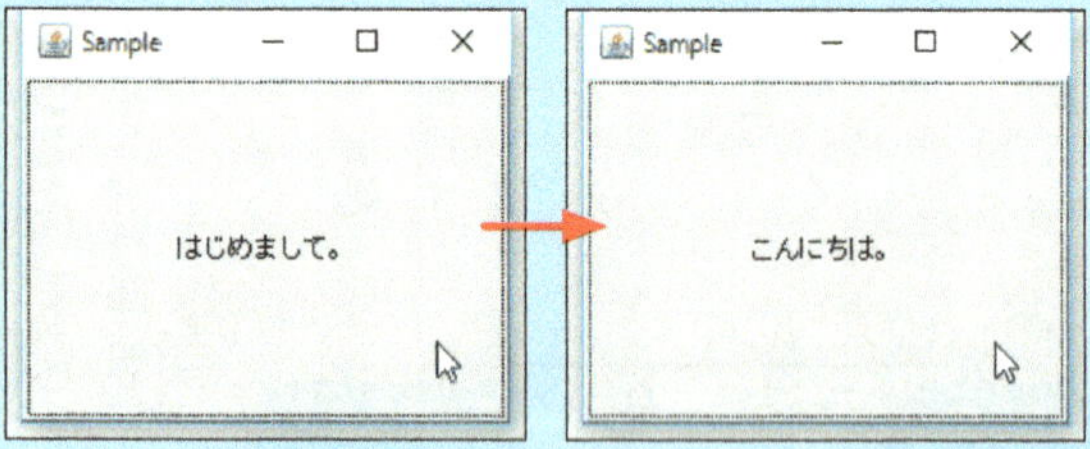

ここでは2つのイベント処理を行っています。1つはボタンを押したときのイベント（①）、もう1つはウインドウを閉じたときのイベント（②）です。

ボタンを押したときには画面上の「はじめまして。」が「こんにちは。」に変わるようにし、ウインドウを閉じたときにはプログラムを終了するようにしています。

やってみよう

ウインドウアプリケーションの開発

かんたんなウインドウ部品のセットであるAWTを使ってウインドウを作成してみましょう。ウインドウを作成するにはFrameクラスを拡張します。

●コード(Sample10.java)

```
import java.awt.*;
import java.awt.event.*;

class Sample10 extends Frame
{
    public static void main(String[] args)
    {
        Sample10 sm = new Sample10();
    }
    Sample10()
    {
        super("Sample");

        Button bt = new Button("はじめまして。");
        add(bt);

        bt.addActionListener(new ActionListener(){
            public void actionPerformed(ActionEvent e){
                bt.setLabel("こんにちは。");
            }
        });
```

ウインドウをもつプログラムとします

❶ボタンを押したときの処理です

統合開発環境を使ったグラフィカルな開発

カズマ：ウインドウができれば魅力的なアプリケーションを作っていけそうです。でも今までのプログラムって、キーボードを使って作成していましたよね。

健一：ＪＤＫはキーボードから使う開発ツールだからね。Ｊａｖａに慣れてきたら、もっとグラフィカルな開発ツールも使ってみるといいよ。

Ｊａｖａのグラフィカルな開発ツールとして、Eclipseというツールが使われています。Eclipseではプログラムをグラフィカルな画面上で開発することができます。Eclipseにはプログラムの入力を行うエディタや、実行・確認までできる各種の便利な機能が付属しています。こうした開発ツールは**統合開発環境**と

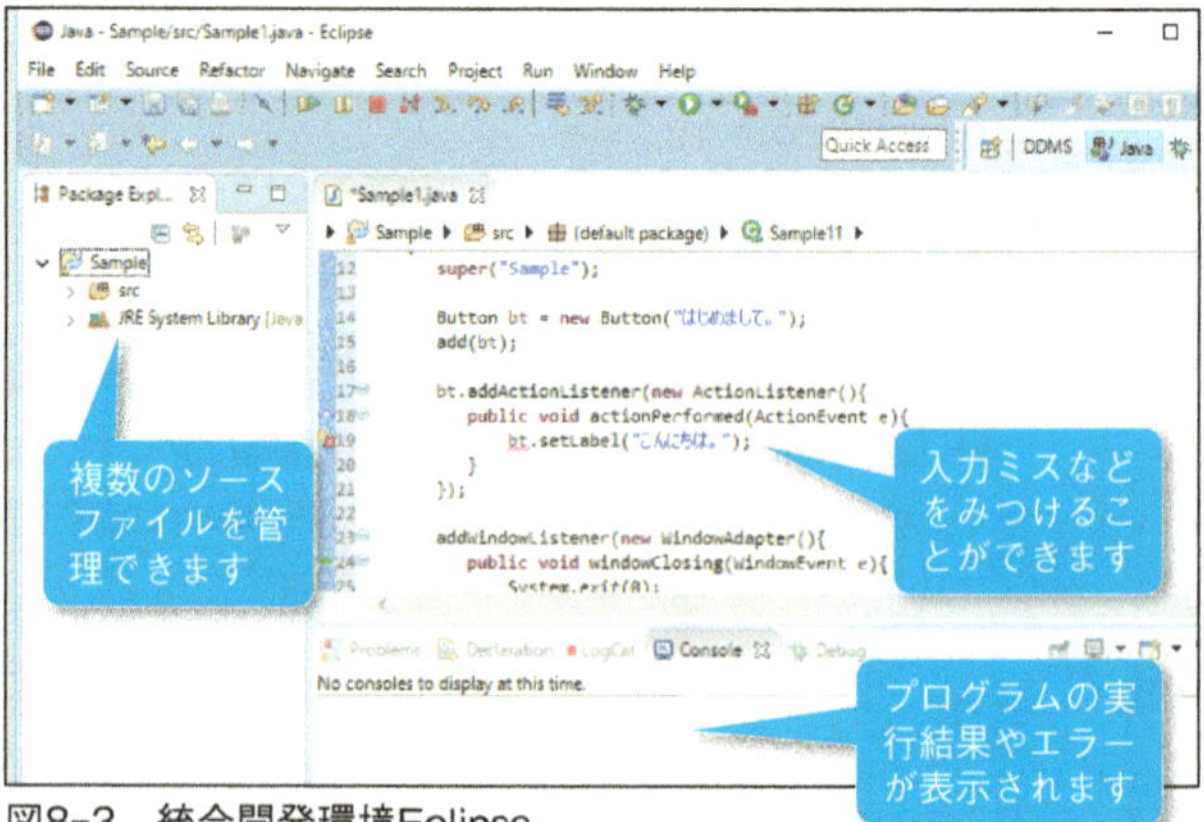

図8-3　統合開発環境Eclipse

呼ばれています。

たとえば、テキストエディタにあたるウインドウ上では、コードの中のキーワードやクラス名、メンバ名などが色分け表示されるので、入力ミスなどがすぐにわかるようになっています。またコードにブロックを入力するとき、最初の｛と最後の｝が対応していない場合にもすぐにわかるようになっています。

さらにプログラムを実行するときには、1文ずつ処理を実行しながら、変数に記憶された値を確認することができます。またプログラムに複数のファイルがある場合にも、ファイルを管理しやすくなっています。

健一：プログラムのエラーは虫を意味する「バグ」とも呼ばれている。バグをみつけだす作業や機能は「デバッグ」と呼ばれているんだ。

あかり：統合開発環境はデバッグ機能が充実しているのね。

スマートフォン開発にも開発環境が活躍する

カズマ：統合開発環境があれば開発者としての技能を磨いていけそうですね。

健一：あかりが興味を持ってるスマートフォンアプリの開発でも、こうした環境で作成していくことになるよ。

あかり：使ってみたいわね。

Ｊａｖａはスマートフォンの Ａｎｄｒｏｉｄアプリの開発にも利用されています。

Ａｎｄｒｏｉｄアプリの開発にはグーグル社が提供する統合開発環境であるAndroid Studioが使われます。Ａｎｄｒｏｉｄアプリの開発にあたっては、ＪＤＫのほか、グーグル社から提供されているクラスライブラリを利用します。

Ａｎｄｒｏｉｄ ＯＳを搭載するスマートフォンやタブレットに適したウインドウ部品などについて、ライブラリが提供されています。

健一：Android StudioはＪＤＫのインストール場所や、Ａｎｄｒｏｉｄのクラスライブ

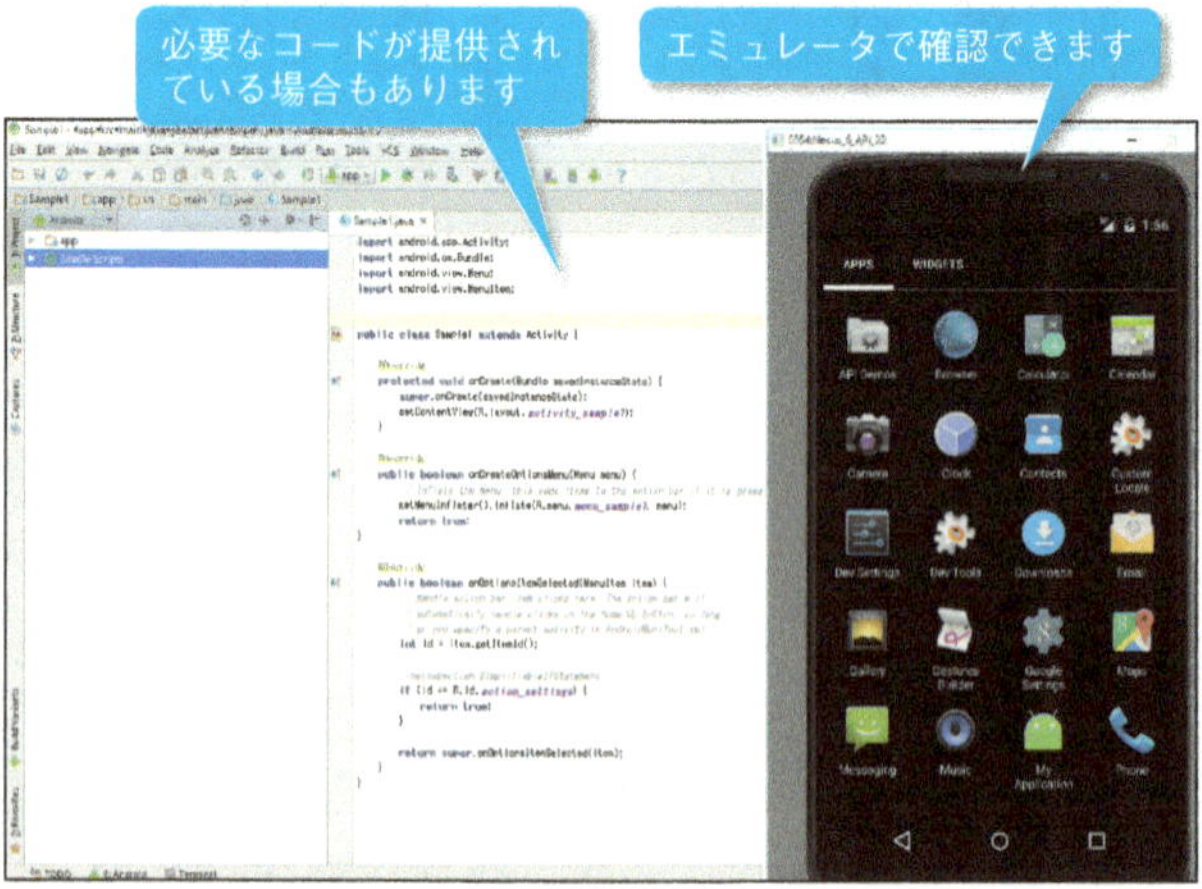
必要なコードが提供されている場合もあります
エミュレータで確認できます

図8-4　統合開発環境Android Studio

ラリを管理している。プログラムの実行はエミュレータというスマートフォンを模したプログラム上で確認できるよ。もちろん実際のスマートフォンやタブレット機器で動作確認する作業も大事だ。よく使われる典型的なアプリケーションを作成するために、必要なコードが記述されたテンプレートも用意されているよ。

カズマ：開発をしやすくなっているんですね。

スマートフォンは技術の更新スピードが速いため、インターネット経由で頻繁にクラスライブラリのバージョンをグレードアップする環境が整備されています。Android Studioの場合は、図8-5のように利用するライブラリを管理することができるようになっています。

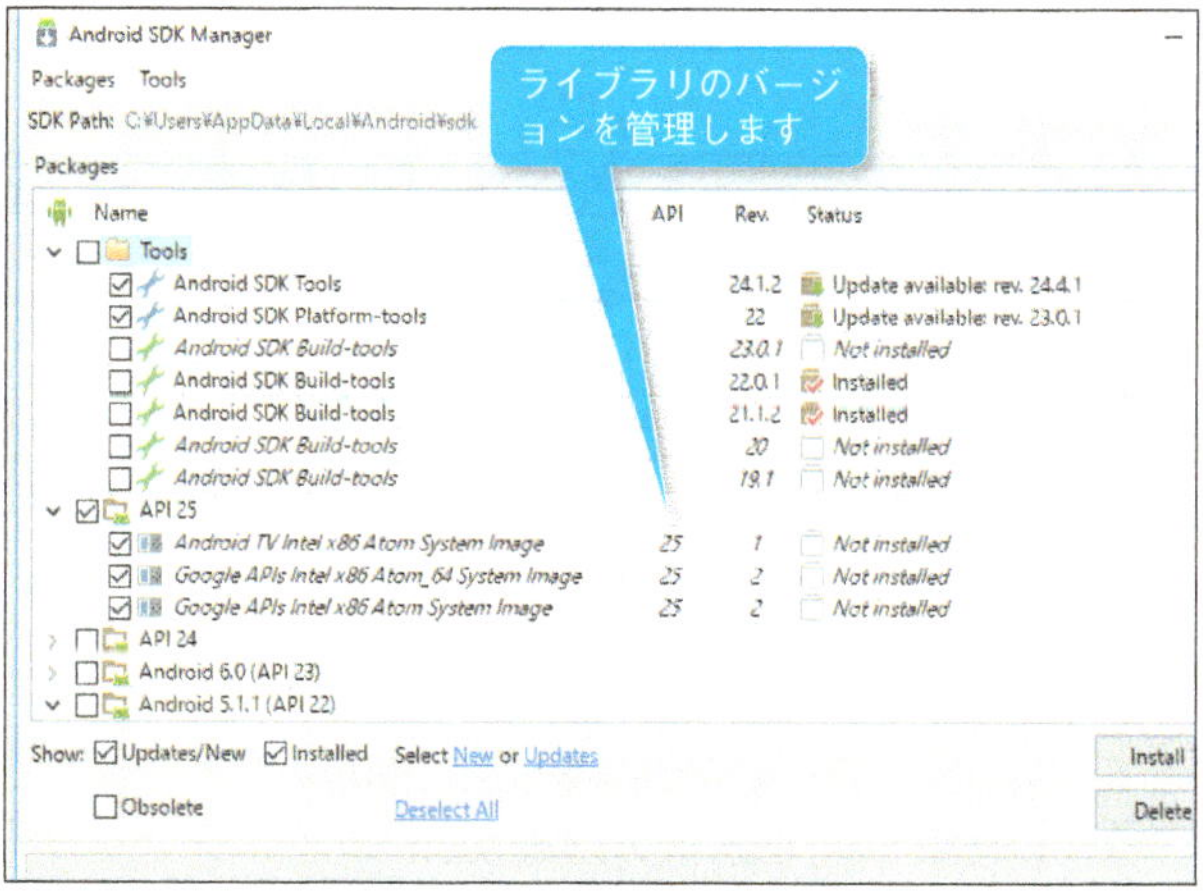

図8-5　Android Studioでライブラリを管理する

スマートフォンの機能を活用するために

Ａｎｄｒｏｉｄアプリの開発にあたっては、モバイル端末の機能を活かすためのネットワークの機能や軽量データベースの機能、端末内アプリを連携させる機能を利用します。表８－２にスマートフォンの主な機能をあげておきましょう。特にグーグル社の地図を使ったアプリを作成する機能が広く利用されています。

健――それから、スマートフォンでもウインドウのイベントなどの処理が大切になる。

あかり――ウインドウ部品のプログラミングはスマートフォンでも重要なのね。

健――モバイル端末ではモバイル端末ならではの特性がある。たとえば、モバイル端末の場合、マウスを使わず画面をタッチする操作が普通だよね。

機能	主な内容
各種センサ	光センサ・温度センサ・加速度センサなど各種センサによるデータの取得
電話	電話をかける／切る
アドレス帳	アドレス帳の連絡先を取得する
インターネット	インターネットとの接続
画像	画像のアニメーション
音声・動画	音声・動画データの再生・停止
カメラ	カメラによる撮影／写真・動画ファイルの保存
位置情報	位置情報の取得
地図	地図データの取得／住所の検索
テキストの読み上げ	指定テキストの読み上げ

表8-2　スマートフォンの主な機能

スマートフォンのウインドウでは機種の特性に注意した開発が必要になるんだ。スマートフォンならではの特性を活かしたプログラミングをしていくといいね。

Webサーバで動作するJavaとは

Ａｎｄｒｏｉｄのほかに、もう１つＪａｖａがよく活躍する場面を紹介しましょう。ＪａｖａはＷｅｂサーバ上で動作するプログラムの開発に使われています。Ｗｅｂサーバ上で動作するＪａｖａプログラムが使われるのです。このＪａｖａプログラムを**サーブレット**といいます。サーブレットはＪａｖａのコードで処理を行い、Ｗｅｂページを作成するなどの機能をもちます。

また、Ｗｅｂサーバ上のＪａｖａ技術として、ＨＴＭＬに似たタグを使ってＪａｖａのコードを記述する方法もあります。この技術は**JSP**と呼ばれています。ＪＳＰは実行される際に、いったんサーブレットのコードに変換されます。変換が行われるため初回の実行に時間がかかる場合がありますが、タグを使って簡単にＪａｖａのコードを作成できるしくみとなっています。

Ｗｅｂを利用したシステムは、これらサーブレットやＪＳＰに加え、ＨＴＭＬ文書や通常のＪａｖａクラスなどを組み合わせて構築することになります。このとき、データの受け渡し方法などを取り決め、通常のクラスよりもより独立した部品としての機能を高めたクラスが利用されることがあります。これを**JavaBeans**といいます。

一般的なWebシステムでは、サーブレットがユーザーからの入力を受け付け、JSPやHTMLでWebページの出力を行います。またJavaBeansがデータの引き渡しを担当します。

技術にあわせて分担を行うシステムが考えられているのです。

カズマ：サーブレットを作る際も、JDKがインストールされていればいいんですか。

健一：サーブレットやJSPを使ったWebサーバ上のアプリケーションを作るためには、企業向けに拡張されたバージョンが必要になるよ。このバージョンはJava EE

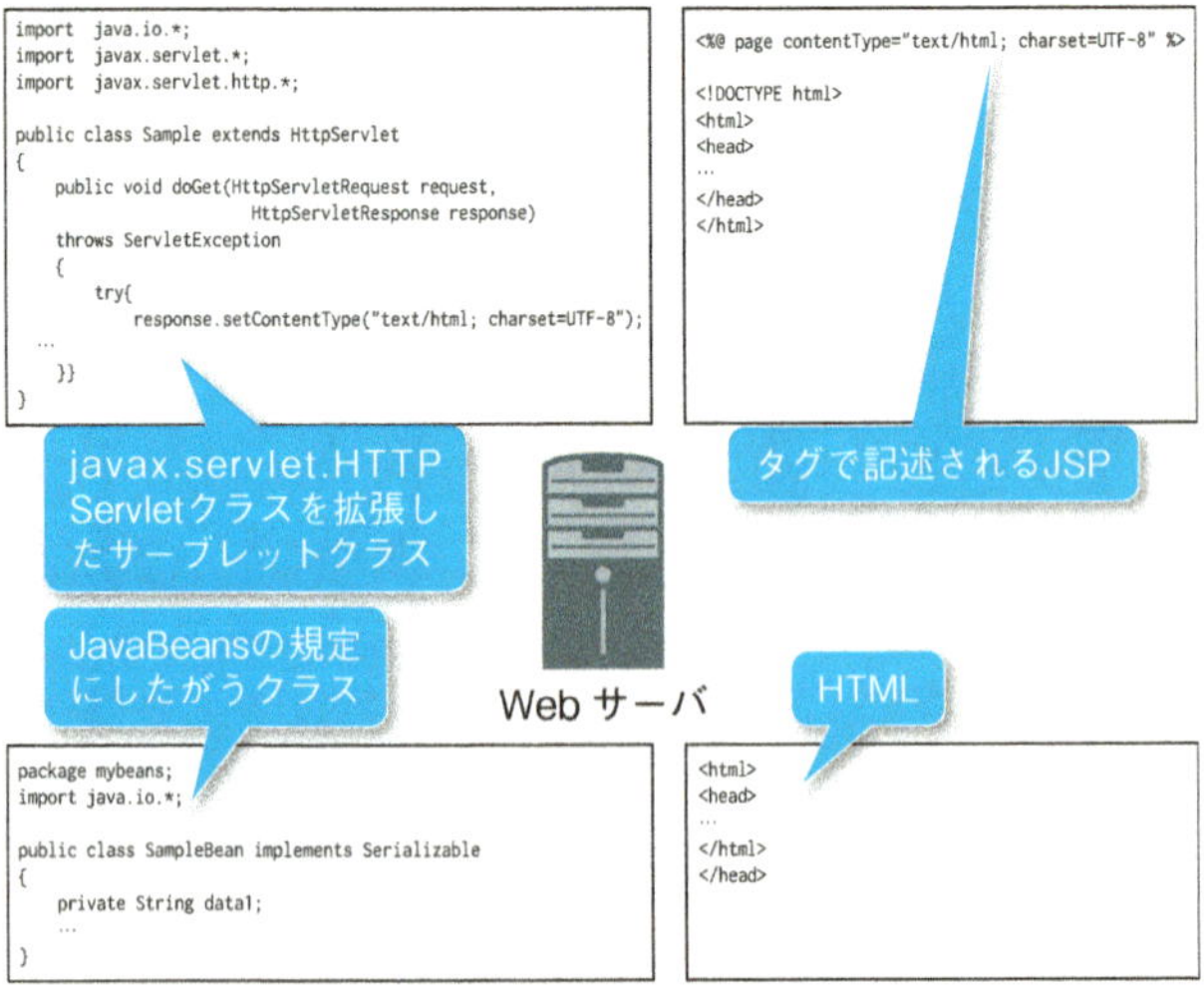

図8-6　サーブレットとJSPを利用したWebシステム

（Ｊａｖａエンタープライズエディション）と呼ばれている。Ｗｅｂページを配信する機能をもつＷｅｂサーバソフトウェアと一緒に配布されているバージョンを利用する場合もあるよ。

データベースも活用できるＪａｖａ

さてＪａｖａを活用する開発の最後の事例として、データベースの利用についておさえておきましょう。

2章でも紹介したように、プログラムにとってデータベースの存在は重要です。データベースはアプリケーションの裏方として稼働する目につきにくい技術ではありますが、プログラムの開発においては非常に重要で欠かせないしくみとなっています。

Ｊａｖａでは、さまざまなデータベース製品で管理されているデータを利用することができます。

データベースはデータを一元的に管理し、必要なデータを抽出するなどの処理を行うシステムです。多くの利用者が同時にデータを利用できるように、データを管理する機能も備えています。

こうしたデータベース製品としては、企業の業務処理に使われているオラクル社の

「Oracle」、マイクロソフト社の「SQL Server」などが有名です。オープンソースで手軽に利用できる「MySQL」「PostgreSQL」も広く普及しています。またＪＤＫにはシンプルな機能をもつ「JavaDB」と呼ばれるデータベースが含まれています。

これらはリレーショナルデータベースという種類のデータベースで、データの関係を表形式で管理するものとなっています。リレーショナルデータベースはＳＱＬと呼ばれる言語を使って、データの追加・削除や検索ができるようになっています。

さまざまなデータベース製品にアクセスするためのＪＤＢＣドライバと呼ばれるプログラムが、各社から提供されています。このプログラムは、ＪＤＢＣと呼ばれる仕様によってＪａｖａから統一的な方法でデータベースに接続できるようにしたものです。ＪＤＢＣを利用することで、さまざまなデータベースに同じ方式でアクセスできるように

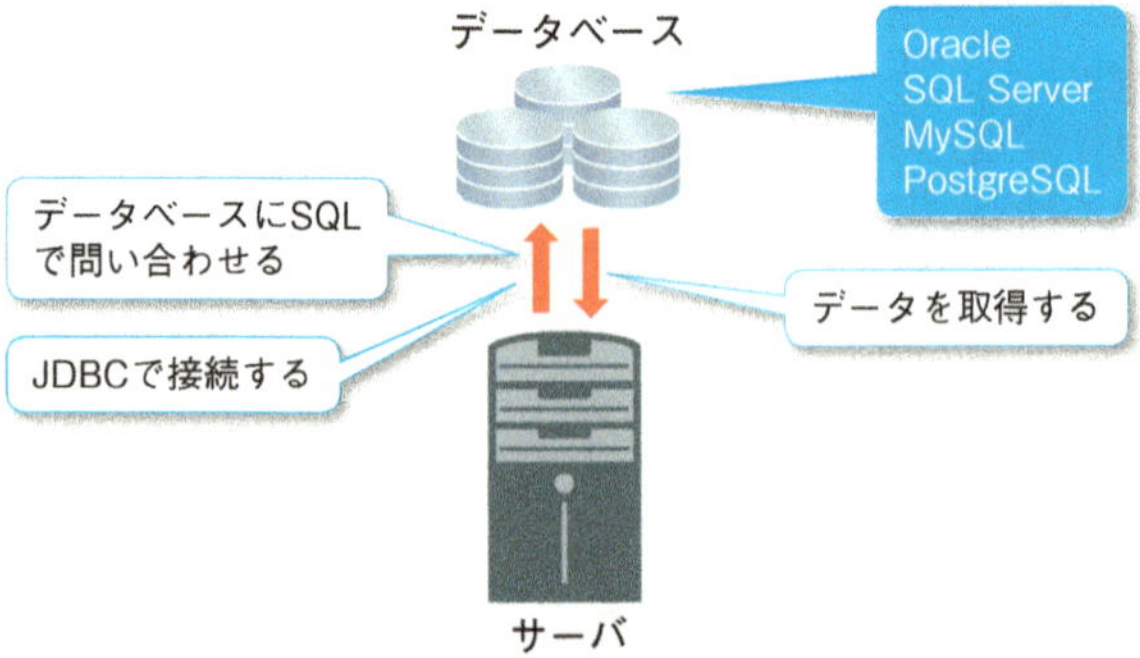

図8-7　Java によるデータベースの利用方法

なっています。

健一：JavaではコードJ上でJDBCによってデータベースに接続し、SQLによってデータを問い合わせる。その結果をJavaコード上でウインドウ部品に表示したり、Webページとして作成するわけだ。

あかり：データベースって大切なのね。

健一：スマートフォンなどの機器でもコンパクトなデータベースが使われているんだよ。

カズマ：そうか。知らなかった。データベースって見えないところでJavaのプログラムに利用されているんですね。Javaを活用していくためにも、もっと勉強しなくちゃ。

```
String url = "jdbc:derby:productdb;";
String usr = "usr";
String pw = "password";

Connection cn = DriverManager.getConnection(url, usr,pw);
DatabaseMetaData dm = cn.getMetaData();
ResultSet tb = dm.getTables(null, null, "product_table",null);

String qry = "SELECT * FROM product_table";
ResultSet rs = st.executeQuery(qry);
```

図8-8　データベースへの接続と問い合わせのコード例

これからもJａｖａの勉強を続けていこう

カズマ：Ｊａｖａを身につければ、いろいろな可能性が広がりそうですね。スマートフォン、そしてＷｅｂ……。

健一：ここで得た知識で、春からの仕事も頑張ってもらいたいね。

カズマ：はい、このあともＪａｖａの勉強を続けていきたいと思います。健一さん、今後はどんなふうに勉強していったらいいと思いますか。

健一：ここではＪａｖａの開発にあたって必要となる知識を中心に説明してきた。これから、なるべく自分の手でＪａｖａのコードを書いていくといいね。ほかの人たちが開発したコードや資料にふれることも大切だ。勉強は続けてこそ力がつくものだからね。

カズマ：はい、これからも頑張ります！

健一：その意気！　応援しているよ。

あかり：頑張って！　カズちゃん！

8章のまとめ

- ウインドウアプリケーションの開発ができます。
- ウインドウアプリケーションではイベントを処理することが重要です。
- スマートフォンアプリの開発ができます。
- Webサーバ上で動作するサーブレット・JSPを作成することができます。
- Javaのコードからデータベースを利用することができます。

付録

JDKのダウンロード

JDKは、オラクル社のサイトから入手することができます。ツールの使用許諾書（ライセンス同意書）に同意すると無料でダウンロードすることができます。

http://www.oracle.com/technetwork/java/javase/downloads/

JDKのページ

ダウンロードするファイルはお使いのOSによって選択します。

本書はWindows 10を使用していますので、64ビットWindows版（jdk-8u××-windows-x64.exe）をダウンロードするものとします。

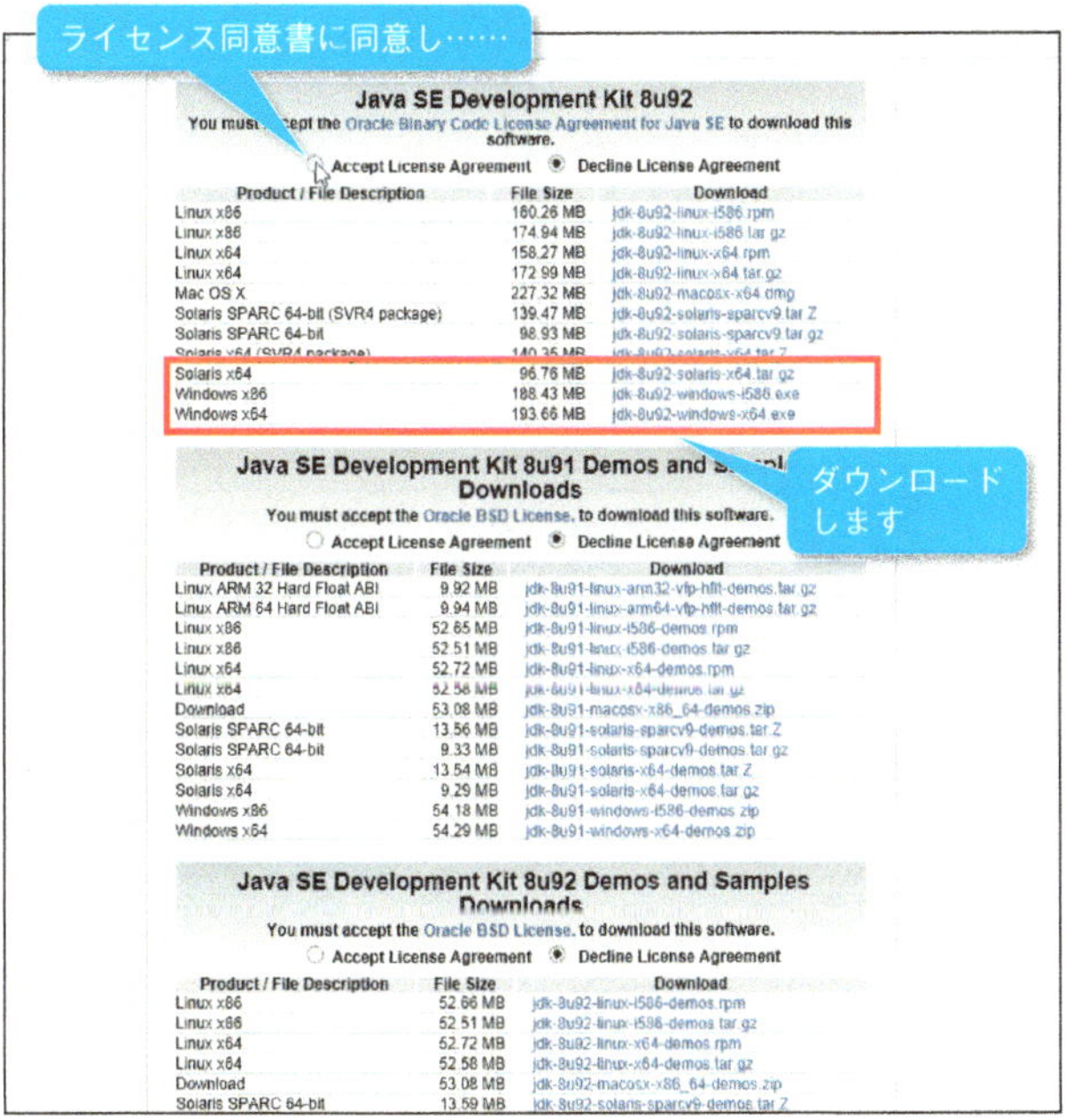

JDKのダウンロードページ

ＪＤＫのインストール

ダウンロードしたファイルをダブルクリックするとＪＤＫのインストールが行われます。このとき、ＪＤＫのインストール先をおぼえておいてください。このインストール先はあとで必要になります。忘れないようにメモしておくとよいでしょう。

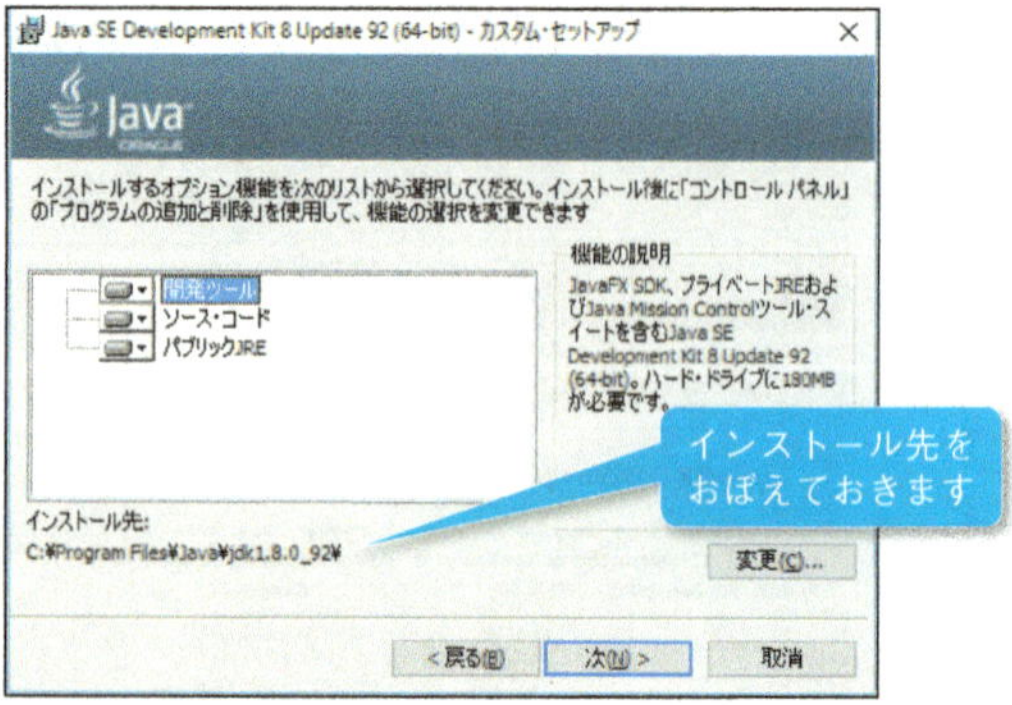

環境変数の設定

一般的に使われているWindows上で利用する場合には、コンピュータ中の環境変数「PATH」の設定が必要となります。

①コントロールパネルから環境変数を表示します。

Windows左下隅のスタートボタンを右クリックして「コントロールパネル」を選択します。［システムとセキュリティ］→［システム］を選択し、左欄から［システムの詳細設定］を選択して「システムのプロパティ」を表示します。お使いのWindowsのバージョンによってメニューが多少異なる場合があります。なお、本書ではWindows 10を使用しています。

「システムのプロパティ」画面が開いたら「環境変

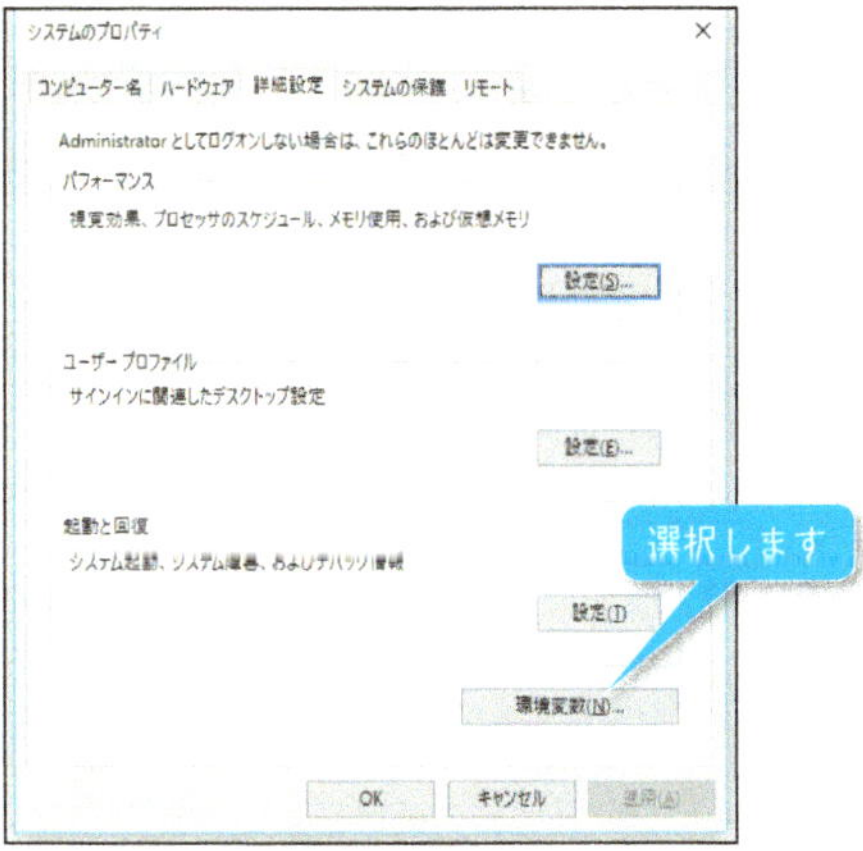

数」を選択します。

②PATHの項目を選択し「編集」ボタンを押します。変数値の末尾か、または新規の値として「;JDKをインストールした場所¥bin」と指定します。

なおPATHの項目がない場合は「新規」ボタンを押して「変数名」に「PATH」「変数値」に「JDKをインストールした場所¥bin」を入力します。この例では「C:¥ProgramFiles¥Java¥jdk1.8.0_92¥bin」となります。

これはJavaのコードを変換するツール（コンパイラ）を起動できるようにするための作業となっています。

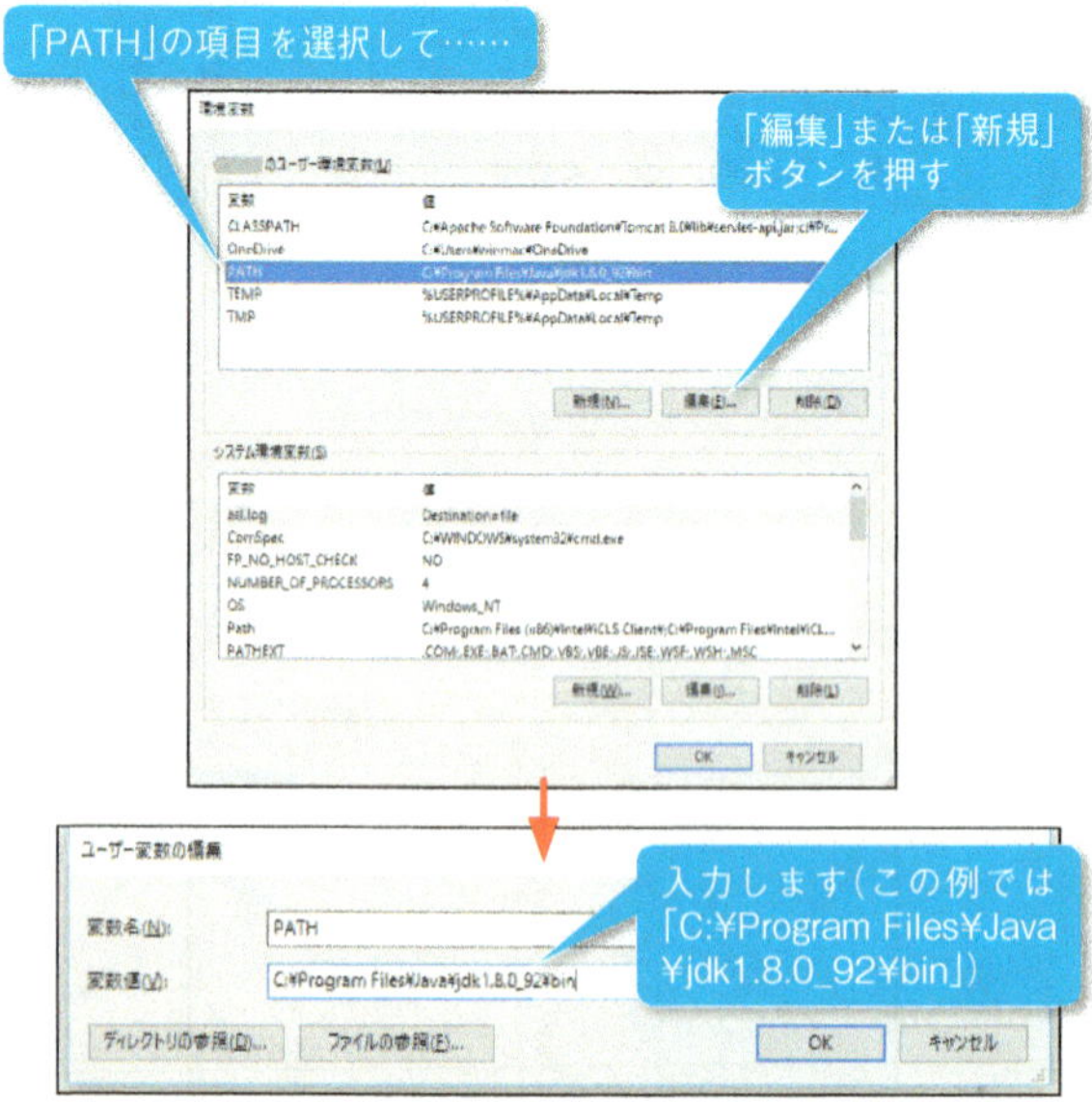
「PATH」の項目を選択して……
「編集」または「新規」ボタンを押す
入力します（この例では「C:¥Program Files¥Java¥jdk1.8.0_92¥bin」）
ユーザー変数の編集
PATH
C:¥Program Files¥Java¥jdk1.8.0_92¥bin
OK
キャンセル

あとがき

Ｊａｖａはいかがだったでしょうか。本書ではＪａｖａの多様な機能を紹介してきました。Ｊａｖａにはいろいろなしくみがありました。変数や配列、そしてクラス。処理の構造があることや、それらを組み合わせることについても紹介しました。フィールドやメソッドといった言葉から、オブジェクト指向やクラスライブラリまで、聞きなれない用語も数多くあったことでしょう。

理解するにたやすいこともあったかもしれません。あるいは難しく感じられることもあったかもしれません。さまざまなことがらがありましたが、本書で紹介してきたことはＪａｖａの一部にすぎません。

本書ではＪａｖａに関する基本の事項に絞って紹介してきました。書籍を読み終えたあとは、学んできたことを念頭におきつつ、専門書にあたったり、プログラムを実際に記述したりして勉強をすすめ、理解を深めていくとよいでしょう。

スマートフォンアプリという実用的なプログラムの作成を目標にしていくことも、プログラミングを習得するモチベーションを高めるために役立つかもしれません。楽しみをみつけながらプログラムを作成していくことは、プログラミング上達への近道でもあります。

またプログラミング言語にはさまざまな種類があります。Ｊａｖａを習得したのちには、Ｊａｖａ以外の各種言語のしくみにもあたってみるとよいでしょう。すでに学んだＪａｖａと比較しながら学習を深めていくこともできます。

学ばなければならないことは、まだまだたくさんあります。本書を読んで簡単で物足りないと思う方も、難しかったと思う方も、Ｊａｖａを足がかりにプログラミングの世界を広げていってみてください。

【ま・や行】

【ら行】

【さ行】

【た行】

【な行】

【は行】

さくいん

N.D.C.549　202p　18cm

ブルーバックス　B-2012

カラー図解《ずかい》

Java《ジヤバ》で始《はじ》めるプログラミング

知識ゼロからの定番言語「超」入門

2017年4月20日　第1刷発行

著者　高橋麻奈《たかはしまな》

発行者　鈴木　哲

発行所　株式会社講談社

〒112-8001 東京都文京区音羽2-12-21

電話　出版　03-5395-3524

販売　03-5395-4415

業務　03-5395-3615

本文印刷製本　株式会社講談社

カバー表紙印刷　信毎書籍印刷株式会社

本文データ制作　ブルーバックス

ISBN978-4-06-502012-8

発刊のことば

科学をあなたのポケットに

二十世紀最大の特色は、それが科学時代であるということです。科学は日に日に進歩を続け、止まるところを知りません。ひと昔前の夢物語もどんどん現実化しており、今やわれわれの生活のすべてが、科学によってゆり動かされているといっても過言ではないでしょう。

そのような背景を考えれば、学者や学生はもちろん、産業人も、セールスマンも、ジャーナリストも、家庭の主婦も、みんなが科学を知らなければ、時代の流れに逆らうことになるでしょう。

ブルーバックス発刊の意義と必然性はそこにあります。このシリーズは、読む人に科学的に物を考える習慣と、科学的に物を見る目を養っていただくことを最大の目標にしています。そのためには、単に原理や法則の解説に終始するのではなくて、政治や経済など、社会科学や人文科学にも関連させて、広い視野から問題を追究していきます。科学はむずかしいという先入観を改める表現と構成、それも類書にないブルーバックスの特色であると信じます。

一九六三年九月　　野間省一

ブルーバックス　コンピュータ関係書

1084 図解　わかる電子回路　加藤　肇／見城尚志／高橋　久
1430 Excelで遊ぶ手作り数学シミュレーション　田沼晴彦
1656 今さら聞けない科学の常識2　朝日新聞科学グループ＝編
1665 動かしながら理解するCPUの仕組み　CD-ROM付　加藤ただし
1682 入門者のExcel関数　リブロワークス
1699 これから始めるクラウド入門　2010年度版　リブロワークス
1714 Wordのイライラ　根こそぎ解消術　長谷川裕行
1719 冗長性から見た情報技術　青木直史
1726 仕事がぐんぐん加速するパソコン即効冴えワザ82　トリプルウイン
1733 Excelのイライラ　根こそぎ解消術　長谷川裕行
1744 瞬間操作！　高速キーボード術　リブロワークス
1753 理系のためのクラウド知的生産術　堀　正岳
1755 振り回されないメール術　田村　仁
1769 入門者のExcel VBA　立山秀利
1783 知識ゼロからのExcelビジネスデータ分析入門　住中光夫
1791 卒論執筆のためのWord活用術　田中幸夫
1802 実例で学ぶExcel VBA　立山秀利
1825 メールはなぜ届くのか　草野真一
1837 理系のためのExcelグラフ入門　金丸隆志
1850 入門者のJavaScript　立山秀利
1881 プログラミング20言語習得法　小林健一郎
1891 Raspberry Piで学ぶ電子工作　金丸隆志
1926 SNSって面白いの？　草野真一
1950 実例で学ぶRaspberry Pi電子工作　金丸隆志
1962 脱入門者のExcel VBA　立山秀利
1977 カラー図解最新Raspberry Piで学ぶ電子工作　金丸隆志
1989 入門者のLinux　奈佐原顕郎
1999 カラー図解Excel「超」効率化マニュアル　立山秀利
2001 人工知能はいかにして強くなるのか？　小野田博一

ブルーバックス　技術・工学関係書（I）

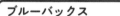